城市景观工程丛书

建筑环境空间绿化工程

任莅棣　雷　芸　编著

中国建筑工业出版社

图书在版编目（CIP）数据

建筑环境空间绿化工程/任莅棣，雷芸编著. —北京：中国建筑工业出版社，2006
(城市景观工程丛书)
ISBN 7-112-08220-X

Ⅰ.建… Ⅱ.①任… ②雷… Ⅲ.建筑物－空间－绿化 Ⅳ.TU985

中国版本图书馆 CIP 数据核字（2006）第 024641 号

责任编辑：郑淮兵
责任设计：崔兰萍
责任校对：孙 爽 张 虹

城市景观工程丛书
建筑环境空间绿化工程

任莅棣 雷 芸 编著
*
中国建筑工业出版社出版、发行（北京西郊百万庄）
新华书店经销
北京嘉泰利德制版公司制版
北京顺诚彩色印刷有限公司
*
开本：880 × 1230 毫米 1/32 印张：4½ 字数：250 千字
2006 年 7 月第一版 2006年7月第一次印刷
印数：1－3500 册 定价：35.00 元
ISBN 7－112－08220－X
(14174)

本社网址：http://www.cabp.com.cn
网上书店：http://www.china-building.com.cn

《城市景观工程丛书》
编委会名单

丛书前言

园林既是一门科学，又是一门艺术。中国造园理论丰富深邃，独具特色。它随着历史的变迁、人类的进步、科学的发展，由无到有，由初级到高级，其内涵也在不断扩大、充实和完善。我国的园林发展，历史悠久，博大精深，源远流长。如果从商代的“囿”开始，至今已有三千多年的历史。在这三千多年的园林发展史中，创造了具有中国特色的园林景观。

我国历代的园林哲匠和手工艺人在数千年的园林兴造实践中积累了丰富的实践经验，也留下了一些理论著作。仅从现有保存下来的名园和相关文字资料来看，一方面说明造园技艺的光辉成就，另一方面虽留下一些著作，如北宋沈括所著《梦溪笔谈》、宋《营造法式》、明代计成所著《园冶》专门总结了许多园林工程的理法，明代文震亨著《长物志》，《徐霞客游记》，清代李渔著《闲情偶寄》和沈复著《浮生六记》等都有所触及。研今必习古，无古不成今。社会在不断进步，时代在不断发展，进入工业文明后的生态危机，使人类面临着共同的威胁。现实把人类推向新的思考，如何选择改善生态环境，促进人与自然的和谐发展？怎样建设好生态园林？我们需要掌握的不只是传统园林层面上的问题。这对于我们这些景观的创造者来讲，任重而道远，我们要不断地学习。

景观工程是一门综合性学科，它涉及建筑工程、艺术、园林植物等领域，生态园林、集水型园林、屋顶花园等对景观工程提出了一系列新的要求。同时它又是一门操作性很强的学科，有各种各样的施工和工艺。随着园林的大发展，社会上出现了许多的园林队伍，创造了许多良莠不齐的景观，造成了很不好的社会影响。为了满足现代城市建设景观技术人员、管理人员以及高等学校等园林专业教学的需要，也为了给现场施工的技术人员提供一套可操作的实用技术参考资料，中国建筑工业出版社特邀了从事景观工程多年的专家和有经验的施工技术人员编写了“城市景观工程”系列丛书。此系列丛书将在2005年陆续出版。该丛书共分8册：《景观照明工程》、《水景工程》、《景观铺地工程》、《景观小品工程》、《园林建筑工程》、《假山工程》、《建筑环境空间绿化工程》、《绿化工程》。

本丛书从实际出发，除讲述基本原理以外，着重讲述了施工技艺，用国内外大量的园林造景实例，展示不同风格与特点的景观工程、方法与实践，并附有有关的质量标准，做到深入浅出、图文并茂、直观实用、雅俗共赏。它对园林规划设计工作者、园林施工技术人员以及在职、在读园林专业的学生，都具有较高的参考价值。希望该系列丛书的问世，能为今后的景观工程施工提供若干借鉴与信息，为更好地创造园林景观尽献我们的微薄之力。由于工程材料和技艺水平的快速发展，可能还会有遗漏和欠妥之处，还望广大读者予以指正。

在此对中国建筑工业出版社提供如此好的机会表示感谢，对参与编写本丛书的工作人员付出的辛勤劳动和对本丛书编写过程中提供帮助的人士表示感谢！

毛培琳

目　　录

第一章　建筑环境空间绿化概论

第一节　建筑环境空间绿化定义

一、绿化的基本含义

随着“绿化”一词越来越多地出现在我们的日常生活中，环境绿化、城市绿化等问题也开始引起整个社会的关注。提到“绿化”，人们会很自然地联想到绿色的植物，如花草树木之类。但实际上，植物作为有生命的生物体，既会在不同的生长期里呈现不同的色彩变化，又会随着生长环境的改变，如四季交替、地域变化等而表现出绿色之外的颜色。可见，绿色只是植物五彩缤纷的颜色中的一种，绿色的植物并不能代表植物的全部。因此，“绿化”不能简单地理解成就是栽植绿色的树木，特别是常绿树木。

“绿化”一词有两个基本含义，一个含义是指用植物覆盖一定的空间范围，另一个含义是指种植植物的行为本身。由于绿化的使用范围非常广，所以会因不同的目的、内容而表现出不同的含义，即：（1）为了保证城市的生活环境、景观而进行的绿化，即近年出现的环境绿化、城市绿化；（2）以为了收获木材的造林活动为基础的绿化；（3）以治山治水为目的进行的植树造林等的绿化；（4）为了复原、再生已失去的绿地而进行的绿化；（5）对沙漠等不毛之地进行的绿化。一般园林专业所说的绿化，就是指城市绿化或环境绿化。绿化的目的就是创造优美、舒适的空间环境。

二、建筑环境空间绿化的分类

为了不与建筑学意义上的建筑空间相混淆，这里使用“建筑环境空间”一词，建筑环境空间是指建筑的场地和因建筑物的存在而受其影响的部分。建筑环境空间绿化包括屋面空间绿化、壁面空间绿化和中庭空间绿化等部分。屋面空间绿化是指各类建筑屋顶上的空间绿化，包括屋顶花园、屋顶庭院、停车场上部的公园、地下构筑物表层绿化等。壁面空间绿化是指建筑物、土木构筑物等室外墙面上的空间绿化。中庭空间绿化是指现代建筑常采用的中庭内的空间绿化。从早期的屋顶花园到屋面空间绿化，再到壁面空间绿化和中庭空间绿化，建筑环境空间绿化呈现出多种进化性的变迁，而这种进化正是各种现代绿化技术发展的结果。建筑环境空间绿化将绿化技术与绿化艺术融为一体，既可以发挥建筑的空间潜能，又可以获得绿色植物所带来的多种效益，可以预言，建筑环境空间绿化将是城市绿化发展的新领域，具有广阔的发展前景（图 1-1-1）。

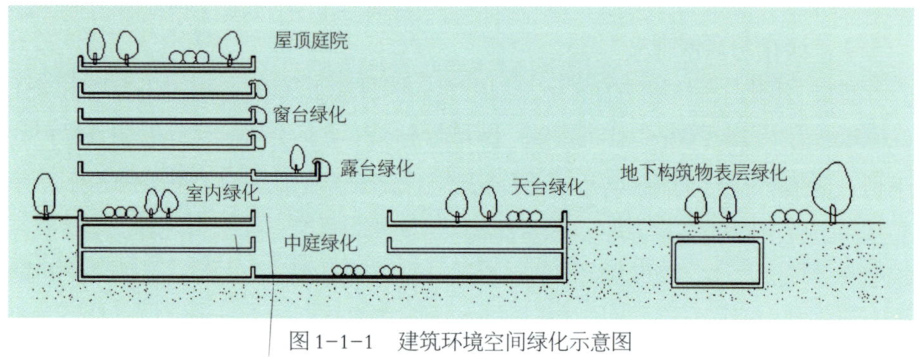

图 1-1-1　建筑环境空间绿化示意图

第二节　建筑环境空间绿化的目的

一、人类的五感与自然环境

作为体外感觉，人类共有五种感觉。如果加上“直觉”，就成了第六感，具有六种感觉的，据说也大有人在。

人类的五种感觉，即视觉、听觉、触觉、嗅觉和味觉，人类通过五感察觉外部世界，引导各种行为，甚至可以区分食物安全与否。哺乳类动物都具备这五种感觉，不同的动物在感觉器官方面有不同的优势。与其他的动物相比，人类有一种或两种感觉器官好像尤其特殊。

人类在对色彩的鲜明度、敏锐度、物体的宽度和深度等这些与视觉、触觉、味觉相关的感觉方面，尤其高级。而且人类在面对其所处的环境时，首先作为获得绝对的信息量的第一感觉是视觉。随后对于各种物体、物质的触觉也几乎同时获得，这是非常细微的触感。

这种触感，是人类在从幼童到成人的成长过程中，把对于各式各样的东西的触感等与视觉同时记忆，并通过视觉来理解触感。大脑可以同时处理两种感觉，在这里也可以加上听觉。而且有时再加上感觉香臭的嗅觉。一般视觉没有不自由的情况，可以说“选择环境的主角是视觉”。

二、人类的视觉与绿色植物

蜜蜂是在平原上进化的，它可以看见人类所说的紫外线的一部分，可以推测，蜜蜂所看到的风景，应该是紫色的世界。由于白粉蝶也能看到紫外线的一部分，所以雄蝶利用紫外线，就可以通过出现在翅膀中央的大大的斑纹来区别雌蝶。

生物体的视觉，会因充满在进化环境中的光的不同而各自具有不同的特征。人类的视觉，不能看见波长长的光（红外线）和波长短的光（紫外线），人类只能感觉到所谓的可见光。从这个现象可以想到，今天人类视觉的特征、特性，也许是在人类生活于森林里的树上期间形成的。在那里并不存在红外线和紫外线。当时环绕人类的环境是绿叶占绝对优势的世界，几乎都是太阳光透过绿叶后所形成的光。

对人类视觉进行最后加工的，是包围人类生活场所的绿色植物的世界。也可以说，植物的绿色是人眼之母!今天的人类，依然感受着蒙上阳光的绿叶所发出的美丽的祖母绿，因绿叶折射而成的光，使人的眼，更使人的心，得以安宁和休息。在从人类诞生至今的漫长岁月中，绿色一直守护、培育着人类，这种特征不仅体现在人的眼睛上，而且绿色植物已在人类身体中刻上深深的烙印（图 1-2-1）。

图 1-2-1　透过绿叶的光使人感到宁静和安祥

三、绿化环境和人类的关系

人类如果离开象征生命源泉的植物，在与自然隔绝的都市生活中会变得更加孤独。人类通过与绿色植物保持直接关系，可以获得生活上的活力和动力。而人类只有在保持活力、动力的同时，才会不断产生新鲜的感性，而感性是人类发挥自身创造力的基础，这种创造性正是人类得以生存、发展的根源。如果人类失去生活上的活力和动力，就会对人类的存在产生疑问。

由于人类是在对自然韵律的共同体验中,获得对自我生命中有节奏的分散的经验的,所以通过耐心等待,可以获得对于春天所带来的生命的再生复活的经验。而这种对自然伟力的共同体验，是在对自然中的刚刚发芽的绿色植物的观察过程中来完成的。人类发明庭园、花园以作为体验场所，其重要性是不言而喻的。

庭园是建立家与环境之间联系的重要一环,它对于加强人类生活与自然生命的关系起着非常重要的作用。建造庭园是人类的一项有意识的活动，它使人类得以亲近自然，并积极地参与到与自然的和谐关系中。庭园里植物的生命很弱小，而且容易受到伤害，这更要求我们珍爱这种场合下的生命，所以建立一种爱护树木花草的社会风气是十分重要的，这不仅仅是社会道德问题。

由于生活在城市里的人,其工作方式并没有与自然的节奏建立必要的关联,因此，实现建筑环境空间绿化，拥有庭园，对于人的身心健康具有重大的意义。这正是我们无论如何要在现代城市中进行更多的建筑环境空间绿化的原因所在。

第三节　建筑环境空间绿化的作用

一、改善城市生活环境状况

今天随着城市中汽车交通的飞快发展，各种冷暖空调、取暖设备的大量使用，城市里空气污染问题日趋严重。城市绿地因其净化空气的效果显著，已开始被越来越多地引入到城市之中。但是由于现代城市中存在的各种问题，如人口膨胀造成用地紧张，城市绿地面积有限使洁净空气的效果受到抑制等，如何在有限的城市空间内扩大绿化面积，成为人们必须面对和解决的新问题。

人类的绿化行为是以永久地维持生物素材（植物）的生存为目的的。植物只有健康地生长，才能吸收多种有害气体、粉尘、重金属等物质，起到净化空气的作用。随着各种相关技术的开发与利用，在以往绿化困难的建筑环境空间，如屋顶、室内和墙面等也能够创造出植物生长所需的空间，因此建筑环境空间绿化，特别是屋顶绿化已成为改善空气污染状况的有效手段。植物是通过光合作用来净化大气的，植物用叶的气孔吸入空气中的污染物质，如二氧化碳、氮氧化物等气体，经过光合作用后，释放出氧气。根据测算，$1hm^2$ 的常绿阔叶树林所释放的氧气量，可以满足80个成人的需要。

此外，建筑环境空间绿化还具有改善小气候的作用。由于各种人为的原因，建筑的内部会出现温度升高、空气干燥、光反射严重、气流过强等现象，室内空间绿化对于缓解小气候有显著的效果。同时，人们日常生活空间中的各种噪声也是影响环境舒适度的因素之一。实验结果表明，建筑环境空间绿化还有减低噪声的功能，对消除噪声公害作用很大。

远离自然的，过于人工化的城市环境，对生活在其中的人的影响，无论是生理上，还是心理上都是巨大的。冰冷的、色彩单调的人工材料，只能加重肉体上的疲劳感，精神上的紧张感。而植物的绿色及其挥发出的气味，却能使人的身心得以放松，消解各种压力（图1-3-1，图1-3-2）。而且由于植物中含有水分，因此在建筑发生火灾时，建筑环境空间绿化能够抑制火情，减缓火势蔓延，对人和建筑有一定的保护作用。

图1-3-1　建筑环境空间绿化可以缓解人们的各种压力

图1-3-2　建筑空间环境绿化可以保护建筑

二、提升城市整体环境质量

由于建筑环境空间绿化可以改善小气候，从而进一步影响城市的整体气候，因此建筑环境空间绿化的实施与推广，也成为减轻城市中日趋严重的热岛效应的有效对策之一。随着城市用水量的激增，水资源的保护和利用已成为亟待解决的问题。与开发新的水源相比，利用雨水更加经济合理。绿地本身具有的“蓄水池”作用，正可以借助建筑环境空间绿化的大规模建设得到有效的发挥，从而使城市整体起到延缓雨水流失的作用。此外，由于城市中建筑密度越来越高，鸟类、昆虫等生物逐

图 1-3-3　屋顶花园能为鸟类、昆虫提供栖息地

渐失去了觅食、休息的场所，这种状况对城市生态系统的影响日渐加深。因此有计划、系统地实施建筑环境空间绿化，可以为生物体提供必要的生息空间，有利于增加它们的数量和种类，这对于恢复城市生态系统的结构具有重要意义。所以建筑环境空间绿化还具有为生物体提供栖息地的功能（图 1-3-3）。

因城市发展的需要，高楼大厦、立交路桥已司空见惯，它们对于城市整体景观的影响无疑是巨大的。随着建筑环境空间绿化全方位的建设推广，必然可以发挥美化城市、活跃景观的作用。

三、获取显著的经济效益

酸雨、紫外线、温差等是影响建筑寿命的主要因素，而建筑环境空间绿化正可以起到隔绝酸雨、减弱紫外线、消除温差的作用，对于保护建筑、延长其寿命，效果十分显著。建筑产生裂缝的原因，首先是混凝土直接受日晒的影响，反复热膨胀和收缩的结果。而且白天和夜间的温差很大时，建筑内部会产生结露，慢慢地侵入混凝土板中，长时间会导致混凝土板开裂。酸雨也可以侵入抗酸性较差的混凝土内。如果实施建筑环境空间绿化，建筑的躯体被种植土所覆盖，免受日光的暴晒，因此受到温度变化的影响较小，混凝土的膨胀、收缩也会随之减轻，从而可以防止裂缝的产生。而且屋顶绿化所采用的种植土，还可以起到隔绝紫外线和高温、保护建筑防水层的作用。采用自然土壤作为种植土，还可以在酸雨渗入土壤的过程中对其进行中和。近年来在新开发的人工轻质土中，大部分都有一定的中和酸雨的效果。

建筑环境空间绿化对于加强屋顶、墙面的保温隔热作用的效果也十分明显，试验表明，在没有实施绿化的混凝土、瓷砖表面，当室外的气温超过 30℃时，混凝土板的表面温度有时高达 50℃。即使楼下的空旷地面也有 40℃之高。如果改成植于自然土地中的草坪，地表面的温度和土中的温度会下降很快，当土壤加上草坪的深度达到5～10cm时，混凝土板会不受气温影响，板的表面温度稳定在26～27℃，几乎没有什么变化。混凝土板温度的稳定，对于保持室内的温度，意义十分重大。

一旦推广实施屋顶绿化，在夏季还可以节省大量的能源。研究表明，将面积为1000m^2的屋顶建设成草坪，在夏季，当冷气设备的工作负荷达到峰值时，办公楼建筑可以节能16%，集合住宅建筑可以节能31%（参见《建筑物绿化和节能》，日本大成建设设备设计部并木裕著）。

除此之外，在推崇绿色建筑的今天，建筑环境空间与绿化也成为绿色建筑的一部分。而绿色建筑对于商业娱乐设施来说，其宣传效果、集客能力与一般建筑相比，越来越显示出强大的优势。由此可见，实施建筑环境空间绿化后，所获得的经济效益将是巨大的、长期的。

第二章　屋顶空间绿化

第一节　屋顶绿化概述

一、屋顶绿化的定义

说起屋顶绿化，人们很容易把它理解为屋顶花园。但实际上屋顶绿化所涵盖的内容更广，屋顶花园只是其中的一部分。从屋顶绿化与建筑的关系来说，实际上还包含多种形态和支持这些形态的技术。

与一般根植于大地的绿化相比，屋顶绿化是一种不与大地土壤相连，在各类建筑物、构筑物、地下空间、桥梁（立交桥）的屋顶、露台或天台等水平或接近水平的人工平台上进行绿化的统称。由于屋顶绿化是以室外人工平台为依托，进行覆土、蓄水并栽植植物的一种绿化形式，因此它除了拥有一般绿化的特点外，还具有其特殊性。

二、屋顶绿化的类型

屋顶绿化可以依据不同的标准进行不同的分类，如：

（1）按高度可分为低层建筑屋顶花园和高层建筑屋顶花园。

（2）按空间组织状况可分为开敞式、封闭式和半封闭式。

（3）按使用功能可分为游览性、装饰性、茶座营利性和生产性屋顶花园。

（4）按花园植物、建筑的配置方式可分为成片种植式、分散周边式和庭院式。

（5）按选用的植物类型和景观特点可分为草地式和群落式两大类。草地式屋顶绿化是以种植低矮草本植物为主，形成贴近屋顶表面植被层的屋顶绿化形式。群落式屋顶绿化指选用乔木、灌木、藤本、草本等多种或至少两种以上的植物类型，通过一定的组织，形成层次丰富的屋顶植物群落。

德国、美国和匈牙利等部分国家根据屋顶绿化建造的精细程度分为粗放式与精细式两种，这种分类方式与按草地式与群落式分类有相似之处。

目前，我国根据实际情况，将屋顶绿化划分为两大类型，即花园式屋顶绿化与简单式屋顶绿化。花园式屋顶绿化是根据屋顶具体条件，选择小型乔木、低矮灌木和草坪、地被植物进行屋顶绿化植物配植，设置园路、座椅和园林小品等，提供一定的游览、游憩活动空间的复杂绿化（图 2-1-1，图 2-1-2）。而简单式屋顶绿化是利用低矮灌木或草坪、地被植物进行屋顶绿化，不设置园林小品等设施，一般不允许非维护人员进入活动的简单绿化（图 2-1-3）。

图 2-1-1　花园式屋顶绿化实例一

图 2-1-2　花园式屋顶绿化实例二

①联合国教科文组织总部

②埃德蒙顿会议中心

③日本熊本广电办公大楼

④日本某公寓屋顶花园

图 2-1-3　简单式屋顶绿化

三、屋顶绿化历史演变

虽然对屋顶花园起源的考证存在诸多的困难，但至今为止，古代的东方人在平屋顶上建屋顶花园的历史被公认是最悠久的。在《旧约圣经》中已有对Hanging Garden（悬垂园）的描述，Hanging Garden就是古代建于底格里斯河和幼发拉底河流域的阿希里亚的巴比伦花园。从遗址和浮雕来推测，Hanging Garden建在高约30m的塔状建筑物上，建筑物用拱形构架做基础，其上再用不同高度的圆形石柱支撑花台，花台里填入土壤，再植以树木。为了灌溉的需要，还设置了供水设备——一种带有滑轮的运水机。这座阿希里亚国王布尔尼扎尔（公元前705—前608）为王后罕密拉米斯建造的Hanging Garden，是一项付诸实施的大规模土木工程，既象征着国王至高无上的权力，也表达了生活在干燥地区的人们对绿色植物的渴望（图2-1-4）。

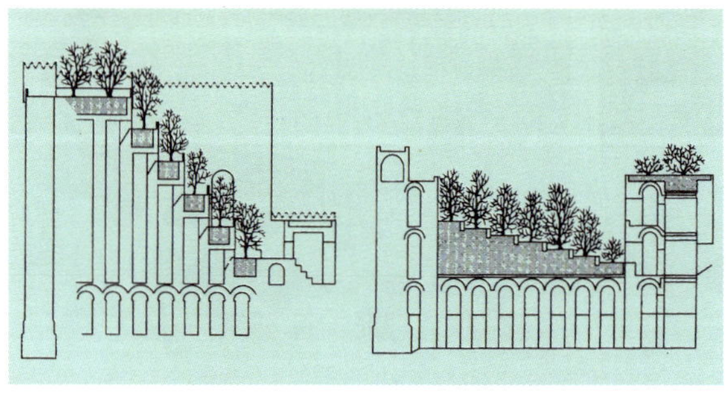

图2-1-4　古代的悬垂园

在古希腊人的节庆中，有一种称为阿多尼斯节的，它的仪式就是在屋顶、阳台上摆设花盆再浇水。在古罗马时期的庞贝遗址中，也发现了在别墅中曾经存在过屋顶花园的迹象，从在庭院走廊周围以及阳台上布置花盆、花瓶这一做法来看，这些屋顶花园应属Terraced Garden（台地园）。甚至连罗马皇帝屋大维的坟墓上，也出现了在圆锥形的墓体上种植侧柏的做法（图2-1-5）。

文艺复兴时期，随着各种奇花异草的传播，在住宅中种植植物的习俗逐渐形成，贵族富商们更是把建造屋顶花园当作一种时髦。直到17、

18世纪，作为特权阶级奢侈品的屋顶花园才具有了公共色彩，当时的铜版画描绘了在住宅庭院周围建屋顶花园的情景，可以推测屋顶花园已成为当时人们游乐、交流的场所（图2-1-6）。

图2-1-5　在罗马皇帝屋大维的圆锥形的墓体上种植着侧柏

图2-1-6　文艺复兴时期的铜版画所描绘的屋顶花园

19世纪以后，随着水泥的发明，混凝土的开发，以及屋顶建造技术的改进，都对屋顶绿化的发展起着推波助澜的作用。把建筑的屋顶作为居住空间的一部分而加以绿化，是从勒·柯布西耶及其同时代的建筑师们开始的。

20世纪初，被誉为现代主义建筑先驱的勒·柯布西耶提出现代建筑的五项原则，其中第五原则就是屋顶庭园。在他设计的萨伏依别墅中，用平缓的坡道将起居室与宽敞的屋顶庭园连成一体，开将屋顶庭园引入现代建筑之先河（图2-1-7）。

由于当时混凝土屋顶建造技术还不成熟，常常由于混凝土的热胀冷缩造成屋面的龟裂，以致漏水。所以勒·柯布西耶用在混凝土屋面板上铺沙土种矮草的方法，既可以吸收雨水，保持屋顶的湿度，又可以防止混凝土板龟裂的发生。所以，萨伏依别墅的屋顶庭园与其说是为了观赏，不

图2-1-7　萨伏依别墅的屋顶庭园

如说是为了防水的需要，其实用价值远远大于其观赏价值。

在勒·柯布西耶提出的现代建筑五项原则中，第五项屋顶庭园并未能像其他四项那样，被人们广泛地接受并推广到全世界，其中原因之一就是，将屋顶全部建成庭园的难度超乎了当时人们的想像，在许多技术难题得以解决之前，屋顶庭园的建造还只能是“纸上谈园”。尽管以后出现了一些带屋顶庭园的建筑，但大多像萨伏依别墅一样，尚停留在探索、试验阶段。

屋顶庭园以一种新的公共活动空间形式，首先出现在旅馆、百货店、办公楼、博物馆、图书馆等公共建筑之中，随着时间的推移，这一形式已为越来越多的人们所接受、喜爱。在屋顶庭园的发展历史中，百货店屋顶庭园占有重要地位。它们不仅建成时间早，而且大部分保留原样至今，成为研究屋顶绿化历史的珍贵实物。英国伦敦的德利托姆百货店屋顶庭园（Sky Garden）被公认为是现代屋顶庭园的开山鼻祖，其建成的意义可比古代巴比伦的“空中花园”。该屋顶庭园于1938年建成并对公众开放。虽然在1978年进行了电梯塔的改造，改变了部分原设计，但其原状基本上被完好地保留下来，至今仍具有很强的吸引力（图2-1-8，图2-1-9）。

日本也是开展屋顶绿化较早的国家之一。在日本至今留存的最早的屋顶庭园是朝仓雕塑馆的屋顶庭园，它建于1934年，是一幢钢筋混凝土建筑，屋顶防水

图2-1-8　英国伦敦的德利托姆百货店的屋顶庭园

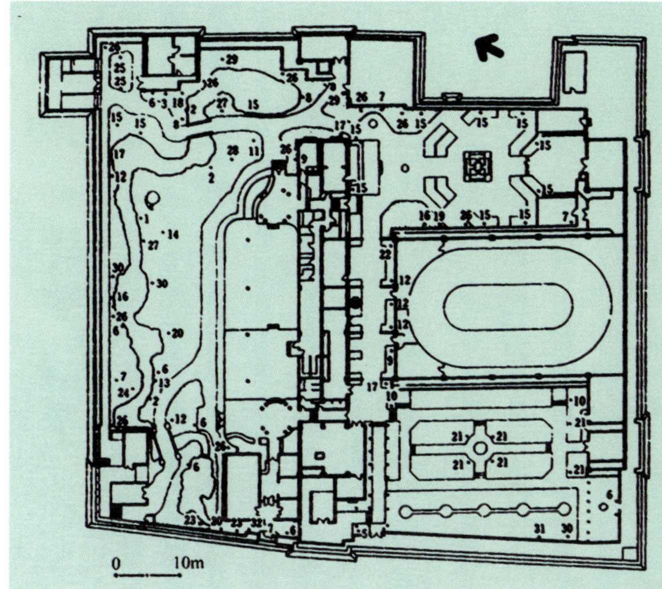

1.扁桃 2.苹果类 3.椤类 4.白桦 5.梓树 6.樱树类 7.小苹果树 8.臭椿 9.榆类 10.无花果 11.银杏 12.橡树 13.枫类 14.栾树 15.菩提树 16.枫树 17.大洋莫类 18.木莓 19.枫类 20.栎 21.椰子类 22.槐树类 23.松树类 24.李树类 25.白杨类 26.法国梧桐 27.山楂类 28.胡桃类 29.柳类 30.垂榆 31.垂椤 32.栎树 33.榉树

图 2-1-9 改造后的伦敦德利托姆百货店的屋顶庭园平面图（1978 年）

所使用的材料是煤焦油。位于日本东京都新宿的伊势丹百货店正楼的屋顶庭园是于 1936 年完成的，现在还大致保留着当年的样子。在 20 世纪 50 年代的后半叶，这种在百货店的屋顶上作屋顶庭园的做法在日本开始正式流行起来，20 世纪90年代以后，屋顶绿化在日本各类建筑物中已成为一种较为普遍的绿化方式。（图 2-1-10）。

凯泽中心（Kaiser）的屋顶庭园，于1959年在美国加利福尼亚州奥克兰市完成，它建在 4 层高的屋顶上，面积达到 $1.2hm^2$。这座景色秀丽的“空中花园”，是从规划、设计到实施、建成的大规模屋顶绿化工程，因此成了开现代大型屋顶绿化先河的早期之作。在奥克兰市还有一座大型的

图2-1-10 日本20世纪90年代中期的屋顶绿化（日航旅馆）

屋顶庭园，即在奥克兰博物馆的屋顶上，该园也是早期屋顶庭园的杰出代表。占地7英亩（约2.83hm^2）的奥克兰博物馆位于奥克兰市中心，建筑呈台阶式布局，主要空间分成3层，一层设自然科学展厅、剧场、讲堂、教室等；二层设有历史展厅、餐厅、大宴会厅和车库等附属设施；而三层则为艺术展厅和行政用房。各层均有室外平台，将各个空间联系起来。这些室外平台上种植花草树木，垂直错落的花台和水平连续的花架构成了建筑的主要外观。该建筑是充分利用屋顶扩大绿化的一个佳例（图2-1-11）。

20世纪60年代以后，在美国、欧洲、日本等，都相继开展各类规模的屋顶绿化工程，从使用自然土壤到换成人造轻量土，从一般植物材料到培育出适应城市

图2-1-11　变化丰富的奥克兰博物馆屋顶花园

环境的树种。这些屋顶绿化形态和技术上的变化，体现出屋顶绿化的不断进步。而正是在土壤、防水技术开始发达的最近十年里，屋顶绿化也开始比较频繁地出现在一般住宅、集合住宅中。屋顶绿化为建筑物增添了美感，而且成为人们追求与自然和谐相处生活方式的手段（图 2-1-12～图 2-1-18）。

图 2-1-12　德国城市建筑空间屋顶绿化状况之一

图 2-1-13　德国城市建筑空间屋顶绿化状况之二

图 2-1-14　德国城市建筑空间屋顶绿化状况之三

图 2-1-15　德国城市建筑空间屋顶绿化状况之四

图 2-1-16　德国城市建筑空间屋顶绿化状况之五

图 2-1-17　德国城市建筑空间屋顶绿化状况之六

图 2-1-18　德国城市建筑空间屋顶绿化状况之七

四、我国屋顶绿化的现状

20 世纪 60 年代初，在我国重庆、成都等城市里，有些单位就开始在厂房、办公楼、仓库等建筑的屋顶上覆土或铺上锯末、蛭石等，种植瓜果、蔬菜等农副产品，以增加单位收入，改善职工生活。据估算，面积约 $700m^2$ 的屋顶可满足大约 3000 人的需要。成都的一些地方还把楼顶变成了苗圃、药圃和瓜园。这种以生产为主要目的的屋顶种植，在实际上起到了一定的绿化效果，应是我国早期屋顶绿化的萌芽。

成都市经过 30 多年的屋顶绿化实践，营建技术和艺术水平都有了不断提高，并逐渐被人们接受，在全市推而广之。从20世纪80年代开始又先后建成了成都饭店、岷山饭店屋顶花园、成都新华路中学屋顶花园等。建于 1994 年的成都市商业大厦屋顶花园就是其中的代表。该大厦是集商场、餐饮、娱乐、办公为一体的综合大楼。由于大厦在老城区内，占地十分狭窄，每天的车流量、人流量都很大，地面绿化十分困难。为改善环境，主管单位投资 470 万元，对这座退台式建筑的五、六、七、九、十三层进行屋顶绿化，建成了面积达 $2150m^2$ 的“空中花园”，其中绿化面积 $1000m^2$ 左右。

资料显示，截至 1998 年底，成都市屋顶绿化的总面积超过 $300000m^2$。屋顶绿化不仅出现在机关、部队、学校、医院的多层和高层建筑屋顶上，而且近年来在商业、文化娱乐等公共建筑、小区住宅的屋顶上现身的频率也越来越高。由个人出资，建造私家屋顶花园的做法已逐渐流行开来。屋顶绿化的推广普及，极大地改变了人们传统的居住观念和日常的生活环境。

在我国真正具有游览性的最早的屋顶绿化，是建于20世纪70年代广州东方宾馆的屋顶花园。这座面积达 900m² 的屋顶花园建在 10 层高的楼上，园内除种植了多种植物外，还设有水池、石山等园林小品。东方宾馆屋顶花园被认为是我国最早的从规划到设计、并与建筑同期完工的大型屋顶绿化工程。

北京也是开展屋顶绿化活动较早的城市之一。竣工于1983 年的北京长城饭店屋顶花园是我国北方第一座大型屋顶花园。该屋顶花园建在长城饭店主体建筑的西配楼屋顶上，在这座面积达 3000m² 的花园内，除了以自然式、规则式的方式种植适合于北方地区生长的植物外，还设置了溪水、瀑布和喷泉，并以自然山石点缀其中。种植土采用人工轻质土，砌筑材料选用加气混凝土砌块，这些措施都有效地减轻了屋顶结构的荷载。

以该屋顶绿化工程为先导，北京市内又先后建成了一批较为著名的屋顶绿化工程，如北京林业大学主楼西配楼屋顶花园（图 2-1-19）。

图 2-1-19　北京林业大学主楼西配楼屋顶花园

进入20世纪90年代以来，首都宾馆16、18层楼顶的屋顶花园（1991 年）等相继建成。随着北京2008年奥运会的临近，改善城市环境状况已成为当务之急。据卫星遥感测定，北京市城区共有7000 多万 m² 的建筑屋顶，一旦进行大规模的屋顶绿化，将为北京上空的悬浮物和飘尘提供固着、滞纳的场所，有助于解决长期以来高空污染严重的难题。

在 2003 年建成的亚洲最大的屋顶花园——中关村西区楔形园林景观绿地，是一座阶梯式屋顶花园，建在面积达 5 万 m² 的屋顶上。该屋顶花园建成之后，北京已有 60 多万 m² 的楼房屋顶覆盖上了绿色植物。而到 2004 年底，除了在对 100 多座立交桥进行的垂直绿化工作中取得了相当的进展，而且还陆续完成了王府饭店停车楼、新世纪广场、惠新小区、京伦饭店、科学技术部节能示范楼、紫玉山庄餐饮会所、中国汽车研究中心、中央组织部办公楼等处屋顶绿化（图 2-1-20）。

对于像北京这样的城市来说，选择适合北方气候特点的，具有耐旱、抗寒、抗热等特点的植物是非常重要的。草坪地被植物“佛甲草”的选择和推广，成为解

① 北京通惠家园屋顶绿化工程

② 望京 A4 区车库屋顶花园

③ 中国汽车研究中心

④ 中央组织部办公楼

图 2-1-20　北京各处屋顶花园状况

决北京屋顶绿化难题的关键。佛甲草具有耐旱抗寒、四季常绿、可粗放管理等特点，特别是对绿化用土要求不高，2cm 厚的苗块基质即可生长；而且可以长期不用人工浇水。调研显示，即使3年不浇水，北京的有些建筑物上种植的佛甲草，仍能保持旺盛的生长状态（图 2-1-21～图 2-1-23）。

图 2-1-21　“佛甲草”草坪地被植物的普及和推广之一

图 2-1-22　“佛甲草”草坪地被植物的普及和推广之二

图 2-1-23 “佛甲草”草坪地被植物的普及和推广之三

近年，随着城市建设快速发展，以都市旅游、休闲、餐饮为特色的“屋顶花园产业”已逐渐发展起来。特别是在国际大都市上海，城市地面空间极其有限，但是可以进行绿化的建筑屋顶空间却十分广阔。据估测，具有很大的开发价值和潜力的平屋面就超过 2 亿 m^2。目前，上海市有一定规模和特色的屋顶绿化工程至少已达 100 家，面积达 12 万 m^2。未来 2 年内对大多数平屋顶实施绿化的计划已开始付诸实施。除了早期的上海华亭宾馆屋顶花园、外滩和平饭店、友邦大厦屋顶花园，还有新建的上海国际会议中心、金桥大厦、上海高压油泵厂等屋顶花园。

其中外滩航路大厦的金蛇岛屋顶花园颇具特色，该园面积 $2500m^2$，种植了 500 余种盆景花卉，并设有酒吧、观景咖啡廊等，人们可一边饮酒品茶，一边欣赏浦江两岸风景。而农工商超市大卖场的 $2000m^2$ 的屋顶花园，也辟有网球场、茶座和健身步道等，成为市民日常休闲娱乐的好去处。将屋顶花园建设写入上海绿化法规之后，在新建住宅和商务楼上实行屋顶绿化已成为必需，这无疑对推动屋顶绿化的建设速度具有十分重大的意义。

杭州也是近年来大力推进屋顶绿化的城市之一，如先后建成了杭州下城区长庆街道办事处屋顶花园、鸿雁电器厂屋顶花园、杭州世贸中心屋顶花园等。长庆街道办事处屋顶花园是杭州地区设置最早、规模最大的屋顶花园。长庆屋顶花园面积为 $1500m^2$，建在住宅楼屋顶上，绿化用植物采用了低矮的花灌木，为了减少屋顶的荷载，在种植土中加入了蛭石等轻质材料，并把种植土层厚度控制在 25cm 左右，过滤层和防漏处理层采用超薄型架空混凝土板结合防水卷材的做法。该屋顶花园建成之后，很快成了人们观赏、游览、娱乐的好去处。

世贸中心屋顶花园也是杭州市近年来较大的屋顶绿化工程。它建于 2002 年，绿化方式以草坪为主，共铺草坪 $1700m^2$，草种主要选用矮生百慕大和白三叶两种。

矮生百慕大草从美国引进，其年绿色期有260天左右，具有喜光不耐阴，抗高温干旱，繁殖能力强，耐践踏，不需修剪的优点。而从欧洲引进的白三叶，则属四季常绿的多年生草本豆科植物，具有隔热效果好，固氮能力强，少施肥，不需修剪等特点。

2004年以来，我国很多城市的屋顶绿化工作已逐步展开，例如深圳市政府早在1999年就已做出了“高层建筑屋顶，都要种植植物，进行绿化和营造屋顶花园”的规定。2002年又进一步提出要“对现有建筑物第五立面，采取政府给予一定补偿的形式，进行绿化改造”。截至2004年，全市已完成屋顶绿化面积18万m^2，“空中花园”的规划设想已初具规模。

除了以上城市，长沙、珠海、天津、南京、太原等城市的屋顶绿化工作也已列入议事日程。

目前国内屋顶绿化方式也可以分为3种，即“地毯式”、“组合式”和“花园式”。“地毯式”屋顶绿化是针对承载力较弱、事前没有绿化设计的轻型屋面，采用适合少量种植土生长的草种密集种植的绿化方式。“组合式”屋顶绿化是主要在屋顶四角和承重墙边用缸栽、盆栽方式布置屋顶绿化方式。“花园式”屋顶绿化是针对承载力较强的屋面，种植乔灌木树种的绿化。3种形式的实施可以根据房屋的具体情况来决定。3种形式的屋顶绿化施工前，都要首先对全部楼面进行防水防渗处理。以地毯式为例，即先在屋顶上铺一层滤水板，再上盖一层无纺布，然后再覆介质土。绿化植物多选用佛甲草等景天类植物。

虽然经过了40年的时间，但由于受到人们认识上的局限、建设资金来源上的困难、建造材料和技术上的落后等因素的影响，我国的屋顶花园和绿化至今还处于推广普及的初级阶段。

第二节　屋顶荷载与种植土壤

一、屋顶荷载

屋顶是建筑物重要的围护结构和承重结构，根据屋面排水坡度，可以大致分为坡屋顶和平屋顶两大类。坡度大于或等于10° 的称为坡屋顶，坡度小于10° 的称为平屋顶。平屋顶又分为可上人屋顶与非上人屋顶。

屋顶荷载是衡量屋顶单位面积上承受重力的指标，其大小决定着建筑物的安全以及屋顶绿化成功与否。对于利用原有建筑屋顶建造的屋顶绿化，可以在设计上采用与屋面结构相适应的布局形式，例如将种植乔木的树池、蓄水池、建筑小品等荷载较大的部位设计在承重结构跨度较小的位置上；也可以尽量减少大型种植槽，多种植草本植物或小灌木，对蓄水池深度也加以控制；还应该尽量采用轻质材料，如选用人工轻质土、PVC塑料制品、轻质石材，山体采用GRC材料，做成空心结构等。

对于新建的屋顶花园设计，如何确定屋顶荷载是结构设计需要解决的首要问题。屋顶花园设计的荷载包括活荷载和静荷载。

屋面的活荷载由于变化因素多，所以确定上有一定难度。设计可上人屋顶时，活荷载标准值一般取定为1.5～2.5kN/m²，而非上人屋顶设计时活荷载标准值取定为0.5kN/m²。这就要求在营造屋顶花园时，绿化苗木、种植土、屋顶结构层以及雪、雨等自然因素的总重量不得超过这些标准值。

按现行建筑设计规范，对一般的私人住宅，可按普通的上人屋面1.5kN/m²取值；对规模较大的，有可能进行集会或小型演出的可取为2～2.5kN/m²；对于处于城市中心主要道路两侧，有可能成为密集人群观看节日游行等则应按2.5～3.5kN/m²考虑。所以一般活荷载上取值为2～3.5kN/m²应该比较适宜。

屋面的静荷载除了要考虑结构荷载、防水层、找平层、保温隔热层荷载外，还要考虑植物、种植土、透水层、铺装、种植池的荷载，甚至水体、假山及雕塑、建筑小品等的荷载。由于园路一般是曲折多变，高低错落，在荷载取值上均要化成每平方米的等效均布荷载、非均布荷载或集中荷载，再根据不同的结构部位进行结构设计。计算单位面积新增静荷载时，可先计算屋顶花园各种构筑物（防水、培植土、园路、园林小品等）的体积，乘以其密度（参见表2-2-1），然后相加，得出屋顶花园总重量，除以屋顶花园总面积，得出屋顶花园新增静荷载平均值。

一般情况下，可把较为复杂的静荷载分为5种，包括种植区荷载、盆花及花池荷载、园林水体荷载、假山及雕塑荷载、小品及园林建筑荷载，其中后4种荷载的确定可根据实际情况按现行规范取值，这里重点谈谈种植区荷载的确定。

种植区的荷载，包括植物、种植土、过滤排水层的荷载。其关键是确定种植物的荷载及种植土的荷载。

（1）植物荷载

根据国内外资料，地被植物、花灌木的荷载如表2-2-2所示。

部分材料密度一览表　　表 2-2-1

序号	材料名称	密度（kg/m^3）
1	钢筋混凝土	2400
2	砖砌体	1800
3	水泥砂浆	1800
4	陶粒珍珠岩空心砖	600
5	陶粒	450
6	膨胀珍珠岩	100（干）、290（湿）
7	泥炭土、锯木屑	180（干）、680（湿）
8	稻壳	100（干）、230（湿）
9	一般土壤	1600～2000

地被植物、花灌木荷载一览表　　表 2-2-2

序号	种植物种类	荷载（kN/m^2）
1	地被草坪	0.05
2	1m以下低短灌木和小丛木本植物	0.10
3	长成灌木和1.5m高的灌木	0.20
4	3m高的灌木	0.30
5	大灌木和6m以下小乔木	0.60
6	10m以下大乔木	1.50

（2）种植土荷载

由于屋顶上覆盖的种植土对房屋结构安全有着直接的影响，如果其厚度超过允许值时，可能会导致钢筋混凝土板屋顶产生塑性变形和裂缝，造成渗漏，严重的会造成结构的破坏，威胁人的生命。因此从结构安全考虑，必须严格控制种植土厚度，对不同类型的屋顶荷载要求采取不同的种植土厚度。

屋顶上覆盖的种植土既不能太重，也不能太轻，太重会加大屋顶荷载的负担，太轻会被风刮起，造成城市的环境污染。为了解决这一矛盾，一般多采用在腐殖土中加入轻质骨料的做法。把轻质骨料（如蛭石、珍珠岩、泥炭等）与腐殖土、发酵木屑等按配比混合而成之后，其干重度一般为7～15kN/m^3，其经雨水或浇灌后的湿重度将增大20%～50%，选用时应按实际情况确定。也有使用黄土与垃圾肥混合及塘泥的情况，黄土与垃圾肥混合的荷载取值为18kN/m^3；耕种土、塘泥的荷载取值为16kN/m^3。

（3）透水层荷载

透水层通常采用卵石、碎砖、粗砂、煤渣等材料，其荷载取值：卵石为25kN/m³；碎砖为18kN/m³；粗砂为22kN/m³；煤渣为10kN/m³。

二、种植土壤

1.种植基质的种类和选择

种植基质分为自然土壤和人工土壤两大类。自然土壤获取容易，造价便宜，但质量不一，重量较重。在覆土厚度要求较高的情况下，也使植物的选择受到限制。人工土壤含有植物生长的各类元素，具有重量轻、持水量大、通风性好、清洁环保等特点。而且随着大面积的推广使用，材料愈多样，价格愈便宜。由于屋顶花园的种植土既要满足花木生长发育的需要，又要减轻对屋顶的压力，所以只有选用经过人工配制的合成土，才能根本缓解这一矛盾。人工土壤又分为具有轻质化、保水性好，并加入改土材料的改土（相对密度为1.1～1.3）和人工轻质土（相对密度为0.7左右）。为荷载条件差的现状建筑作屋顶绿化，使用人工轻质土是最好的选择。

以前，培育植物最好的土壤是细沙土、山沙、黑土和红黏土等自然土壤。但是将很重的自然土壤搬到屋顶上，会带来很多问题。有些土壤会随着时间的推移而恶化变硬。这样的土壤会妨碍水的渗透，很容易导致氧气和水分的供应不足。如此一来根部为了获得水分和氧气，会不断地伸长，造成生长失衡，树形变坏。而且在多雨时，水也会有残留，产生大量泥水，使树木很容易倒下。所以应在自然土壤中掺入珍珠岩等材料，以改良土壤的通气性和透水性。珍珠岩是用黑曜石、珍珠岩和松脂岩等烧制而成的多孔无机材料，由于材料中含有很多空气，不会发生由土壤恶化而引起的固化现象。

经过不断的改进和发展，出现了现在开始普遍使用的人工轻质土。采用人工轻质土，不仅可以大大减轻屋顶荷载，而且还可根据各类植物的不同要求，配置养分充足、酸碱性适合的种植土，以更利于植物的生长。除此之外，由于人工轻质土呈干燥、轻便的状态，所以施工性好，不会像黑土那样，弄脏衣服和紧邻的铺装面，还有不污染室内的优点。

2.人工轻质土的特性

在绿化后的屋顶上，种植基质的自重对屋顶静荷载的影响最大。因此在满足植物生长的前提下，要尽量减轻种植基质的自重，而且种植基质还必须有较好的渗水性、黏着性和一定的密实度。因此，目前国内外用于屋顶花园的人工土壤中，一般均采用人工轻质土。

相对于黑土的湿重为1.6～1.8，人工轻质土大概为0.6～0.7左右，重量减轻了大约2/3。排水性能优越，与自然土相比保水性也很强，保肥性良好等，这些都是不断改良的结果。为此即使少量的土壤厚度也能培养植物生长。但另一方面因土量过少，很容易造成根部堵塞，所以要考虑地被植物、花灌木、乔木的生长需要，确定种植区内不同位置的土壤厚度。

目前国内外用于人工轻质土的轻质骨料，主要有稻壳灰、锯木屑、蛭石、沙质土、珍珠岩、炭渣、泥炭土、泡沫有机树脂制品等。它们具有以下特点：

（1）稻壳灰含钾量高，具有通风好，透水性强的优点。其干密度为100kg/m^3，水饱和密度为230kg/m^3。

（2）锯木屑因其表面粗糙、多孔，还含有丰富有机质和微量元素，所以有一定的保水、保肥能力，而且重量轻，价格便宜。但也有其不足之处，由于木屑过轻、易被风卷走，且与水混合后会发酵，产生有机酸和热量，对植物生长不利，所以应加入少量石灰，使其发酵腐熟后再用。若与适量的腐殖土混合，则使用效果会更好。水饱和密度为584kg/m^3，比53号蛭石（水饱和密度1054kg/m^3）和一般菜园土（水饱和密度为1600kg/m^3）都要轻许多。

（3）蛭石质地较轻、一般密度为70～100kg/m^3，水饱和密度为650kg/m^3，具有疏松透气、保水排水性好的特点，一般作为保水、透气和缓释材料使用。蛭石虽有一定保肥能力，但易于风化，一般多与腐殖土混合后使用，以弥补其肥力不足的缺陷（图2-2-1）。

（4）珍珠岩是一种白色多孔结构状颗粒物质，它质地较轻，一般密度为50～70kg/m^3，水饱和密度为290kg/m^3。因其透气性、持水性都较好，故常作为一种改善种植介质排水透气性能的添加材料来使用。珍珠岩的颗粒小而轻，颗粒间隙大，故保水、排水性均强，而且结构稳定，不易破碎。但由于自身的肥力低，所以一般与腐殖土、泥炭等混合后使用（图2-2-2）。

（5）泥炭又称草炭或泥煤，它是古代沼泽环境特有的产物，是一种宝贵的自然资源。由于泥炭土内含腐烂植物，呈酸性，所以质地松软，肥力高，保水性强，非常适合植物生长。泥炭可以用来改良、活化土壤，提高土壤有机质含量，是一种

图 2-2-1　常与腐殖土混合后使用的蛭石

图 2-2-2　作为人工轻质土的常用添加材料的珍珠岩

用其他材料难以替代的种植介质。泥炭的密度很小，一般干时在 200～300kg/m³，湿时在 600～700kg/m³，而普通土壤的密度为 1250～1750kg/m³，湿时约在 1900～2100kg/m³。由此可以推算，如果用 100% 泥炭作为屋顶花园的种植介质，则可以减轻 2/3～3/4 的重量。在实际使用中，可采用在 2 份普通土中掺入 1 份泥炭制成混合土的做法。还可以加入适量的稻壳，既可减轻重量，又可以改善土壤的透气性和养分含量。因泥炭吸水力较强，所以水饱和密度较大，为改善这一缺陷，一般多与其他轻质材料如蛭石、珍珠岩等混合后使用。优质的泥炭，一般有机质含量在 75% 以上，纤维含量 15% 以上，粗灰分小于 15%，通气孔隙大于 27%，EC 值小于 1，腐殖酸、黄腐酸平均含量在 30% 左右，富含氮、磷、钾和其他微量元素，是用于建造屋顶花园的理想材料（图 2-2-3）。

（6）浮石是天然珍贵的无机基质，富含钾、钙、镁、硫和硅等多种元素，密度为 200kg/m³ 左右。由于其透气性良好，所以在屋顶绿化中常作为排水垫层使用，与其他材料相比，浮石可以极大地减轻屋顶的荷载（图 2-2-4）。

3.人工轻质土壤的使用要点

在实际使用时，为了在荷重、肥效、保水、排水等方面都获得良好的效果，通

图 2-2-3　作为屋顶绿化理想材料的泥炭

图 2-2-4　含有多种无机基质的浮石

常做法是将几种轻质基质和腐殖土混用。如北京长城饭店的屋顶花园就是采用草炭土、蛭石、沙土的组合，按7：2：1的体积比来配制种植基质，其水饱和密度达到780kg/m³，铺设厚度30～105cm。

以下列出几种符合植物生长要求，配比较合理的人工种植土，可供参考。

（1）普通土壤、轻质骨料（蛭石、珍珠岩、沸石①、煤渣和泥炭等）的组合，按3：1或5：3的体积比来配制，其干密度约为1000～1600kg/m³。

（2）黄泥、腐熟有机肥料、珍珠岩人工合成土的组合，按6：2：2的体积比来配制，其干密度约为800～1000kg/m³。

（3）使用东北草炭土、腐熟的锯木屑、微生物有机肥、珍珠岩，按5：3：1：1体积比配制而成的无土种植基质，其干密度为200kg/m³，水饱和湿密度为450kg/m³。

（4）屋顶花园专用营养土，干密度为300kg/m³，水饱和湿密度为650kg/m³。目前国内外常用的轻质骨料和沙质土的物理性质对比见表2-2-3。

从表2-2-3可知，与沙质土相比，稻壳和珍珠岩的密度最小，相同体积的介质质量轻，孔隙度大；木屑和蛭石的持水量大，保湿性能好。从价格上考虑，木屑和稻壳比蛭石和珍珠岩容易取得，且价格便宜许多。了解了各种轻型介质的物理性质后，可以根据植物生长需要确定配比和铺设的厚度。

常用轻质骨料和沙质土的物理性质比较　　表2-2-3

材料名称	干密度（kg/m³）	湿密度（kg/m³）	持水量（%）（体积）	孔隙度（%）
沙质土	1580	1950	35.7	1.8
木屑	180	680	49.3	27.9
稻壳	100	230	12.3	68.7
蛭石	110	650	53.0	27.5
珍珠岩	100	290	19.5	58.9

此外，利用人工轻质土进行屋顶绿化时，在施工过程中应注意以下几个方面：

① 潮湿状态下相对密度为0.7左右的人工轻质土壤，一般适用于荷载条件差的场所或难以移入普通土壤的地方。而潮湿状态下相对密度为1.0左右的准轻质人

① 沸石可作为土壤的添加物，以改善其性能。而浮石是作为排水垫层使用。

工培养基，因施工条件好，常替代改土，用于改土栽培法。

② 如使用一般绿化树作屋顶绿化，则尽可能采用无需特殊灌溉设备的复合土壤栽培法、油溶性维生导水溶液栽培法。对营养要求高的花草，应尽可能使用花草用复合土壤栽培，配备灌溉设备。

③ 以有机质为主成分的人工轻质土壤，随着有机质的分解，可能会出现土壤基础下沉。应固定设置灌溉设备。

④ 以火山沙砾为主，相对密度约为0.9的准轻质土壤（园路常用）与人工轻质土壤相比，其保湿性差，需常设灌溉装置，或保证必要的土壤厚度。这种土壤价格低，施工时不易发生土壤飞散。但其相对密度较大，设计使用时应注意荷载条件。

此外，准轻质土壤还有改良净水沟污泥的人工培养基，以及使用食品污泥等各种回收资源的保湿性极强的人工培养基。

⑤ 复合土壤等准轻质土壤具有一定黏性，可将踏步石直接摆放其上。另外，倘无风力影响，可使用竹支架。

⑥ 使用人工轻质土壤，因其干燥时易飞散，应边洒水边施工。施工中如遇强风，则应中止作业。作材料用量预算时，需考虑其飞散因素。

4.土壤厚度

种植土厚度值可以通过结构计算获得，而且作为一个初步的理论值，有一定的变化区间。例如，在卫生间、厨房等空间上部或墙体、柱头等部位，种植土可以适当加厚；由于不同植物生长及生育所需土层的最小厚度均不同，植物在屋顶由于风载较大，从植物防风要求也需要一定种植深度，综合以上因素，屋顶花园种植区土层厚度与荷载值见表2–2–4。

屋顶花园种植区土层厚度与荷载值 表2–2–4

类　别	地　被	花卉及小灌木	大灌木
植物生存种植土最小厚度（cm）	15	30	45
植物生育种植土最小厚度（cm）	30	45	60
排水层厚度（cm）	—	10	15
平均荷载（生存）（kN/m²）	1.50	3.00	4.50
平均荷载（生育）（kN/m²）	3.00	4.50	6.00

注：表中的种植土重度按kN/m³考虑，实际不同时可换算。

如上所述，植物种植基质的最小生存（繁育）厚度为：地被 15（30）cm，花卉和小灌木 30（45）cm，小乔木 60（90）cm，大乔木 90（150）cm。这个厚度只能满足其生存和繁殖育种时期所需的最低土壤条件，所以，基质厚度应大于此最小值。但实际操作中，一般草本为 10～15cm，灌木 20～25cm，小乔木 30～40cm。因此，有关种植土深度的问题还有待进一步的研究。

第三节　屋顶的防水和防根

一、防水设计要点

1.防水的种类

本来在屋顶和阳台上已经采取了防水措施。漏水会降低混凝土和钢筋的强度，使建筑物的寿命缩短。所以在作屋顶庭园时，尤其要防备漏水，这是非常重要的。

人工基盘的漏水事故，大多是由防水层本身老化开裂，过度的水溢出等原因造成的。钢筋混凝土构造的建筑物所采取的防水，一般是在混凝土板上设防水层，然后再在上面打混凝土保护层。这种刚性防水与一般的防水层外露的卷材防水有很大不同。

以前，屋顶庭园就是采用在混凝土保护层上做栽植的方法。但近年来，随着包括防水做法的各式各样的绿化施工方法、施工系统已被开发出来，不打混凝土保护层也能进行绿化。取消了混凝土保护层，可以带来减轻荷载、加厚自然土和栽种更多植物等好处。当然这种情况下，要充分做好对荷载带来冲击的防备措施。

2.选择耐久的防水做法

在已建成的建筑物的屋顶绿化中，最常见的是如前所述的刚性防水做法。这种防水做法比较经济，施工方便，并有一定的耐久性。但近来，使用卷材防水和涂膜防水的工程也越来越多了。无论怎样的防水，其使用年限都达到 10～15 年，加上土壤和栽植对防水层表面的保护，使得保证使用年限应该比 10～15 年更长。总之，因为一旦做了栽植后，再要修复土壤下面的防水层就会非常麻烦，所以使用年限达到 10 年以上是最基本的，要选择最好的防水做法。为了防备溢流，不仅要在土壤的下面做防水，而且从土壤表面开始至少要做 15cm 以上的防水（图 2-3-1）。

屋顶庭园上的防水层除了具有防水性能外，还有防止根侵入的耐根性能。有的防水层有抗根侵入的能力，没有的则要单作耐根层。而且防水层还要具有不被肥料、消毒剂等侵入的耐药性，以及对于土壤中的细菌的抗菌性。而且对于露明防水来说，可能会因换土时的挖掘受到损伤，所以要求防水层比较结实。

3.用于绿化的防水做法

沥青防水、卷材防水、涂膜防水等的防水做法，其耐药性、抗菌性、耐压性都比较好（图2-3-2～图2-3-4）。当然卷材防水要与抗菌的卷材配合使用。至于耐久性，沥青防水的寿命可以达到70年以上，涂膜防水稍差，但也可以使用30年以上。从价格和施工上考虑，像阳台这样小面积的地方，一般多选择涂膜防水。

对于没有被土壤覆盖的部分，可以采取不同的做法。如在有使用限定的一般住宅和集合住宅的情况下，可以在沥青防水中采用沥青成形板、采石固定板、绝缘砌块、沙砾等，在卷材防水中采用轻型步行用卷材（2mm以上），在涂膜防水中采用可铺设在经过防滑处理的FRP上的轻型步行用聚氨酯板。在使用者较多又不确定的地方，可以采用在沥青防水和卷材防水层上再做一层保护混凝土的做法。以上3种防水做法的具体内容如表2-3-1所示。

二、防水层施工要点

因防水层一旦有问题就得把其上各层除去才能补救，所以在防水层施工时，首先必须严格按操作规程施工，重视防

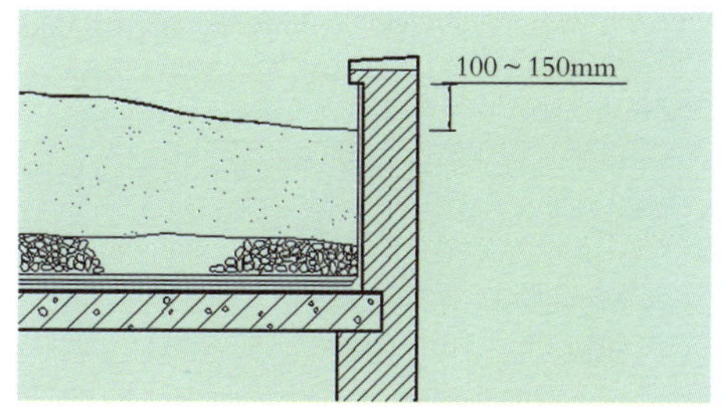

图2-3-1　从土壤表面开始至少要做15cm以上的防水

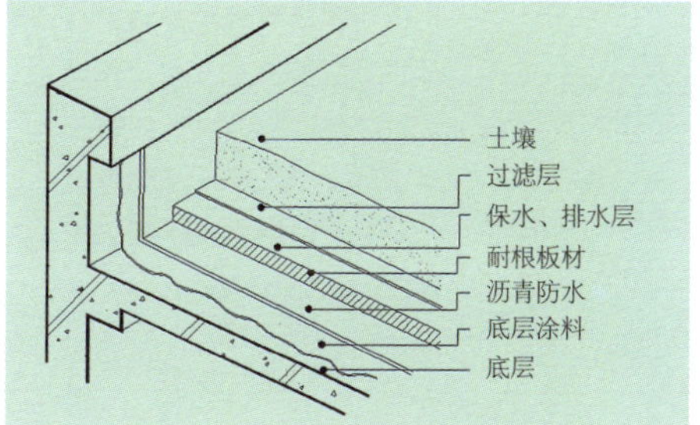

图2-3-2　沥青防水构造详图

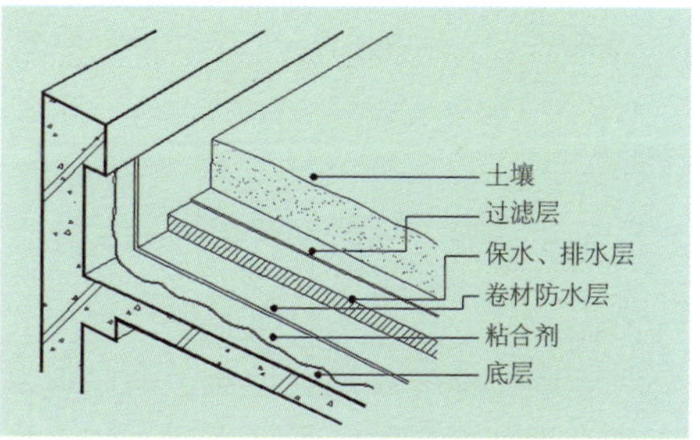

图2-3-3　卷材防水构造详图

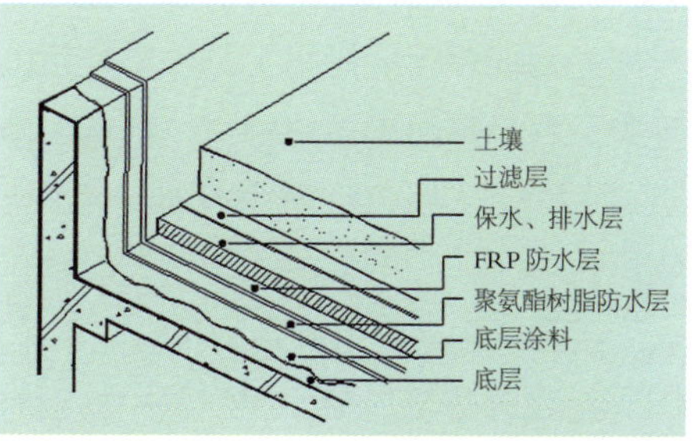

图2-3-4　涂膜防水构造详图

绿化用防水做法及性能表 **表 2-3-1**

绿化防水种类	沥青防水	卷材防水（氯乙烯卷材）	涂膜防水（聚氨酯 + FRP）
防水系统的构成	土壤 透水滤净层 保水排水层 保护卷材 防根卷材 防水层	土壤 透水滤净层 保水排水层 防根卷材 防水层	土壤 透水滤净层 保水排水层 FRP（防根卷材） 防水层
特长	把使用了合成纤维作为芯材的沥青卷材，2层以上粘贴、层叠起来的防水做法，作为耐根对策，可以采用厚0.3mm以上的耐根卷材覆盖搭接。作为防水材料有70年以上的寿命	把耐酸碱、抗油、抗臭氧的绿化用防水卷材，用胶粘剂等粘贴在基层上，使其与接合部成为一体，可以提高耐根性，就不会产生植物根的贯穿等问题	使用于船舶、水池、净化槽等的FRP防水层，加上可以根据基底的热膨胀等而进行追随活动的聚氨酯树脂防水层，构成了复合施工做法。不仅在耐药性方面卓越，而且对于复杂的形状也很容易处理
防水层的重量	8～10kg/m²	2～5kg/m²	5～6kg/m²
耐根性	使用耐根卷材	防水层兼耐根层	因与FRP防水并用，所以坚韧、没有接缝，不用担心被根扎破

水层施工质量，如防水材料与结构楼盖上的水泥砂浆找平层的粘结，避免损伤原防水层。其次要重视材料质量和节点构造，如选用优质的防水材料，注意防水层本身的接缝处理，特别是在平面高低变化处、转角及阴阳角的局部处理等。最后还要进行防水试验，保证排水系统良好。无论在新建建筑还是旧建筑上建造屋顶花园，在屋顶绿化施工前都必须进行防水试验，以检查屋面的防水性能。防水试验即先封闭屋顶的排水孔，再灌水至100mm高，24小时后检查屋面板是否有渗漏现象，各种穿出屋面的管道、烟道、排风道以及女儿墙、排水口等处应是检查的重点。再经过3昼夜，确认屋面无渗漏后，说明屋面防水已达到要求，可以进行屋顶绿化施工。

屋顶绿化是否对屋顶的抗渗防漏不利呢？目前看法上还存在着争议。这主要是因为在我国建筑屋顶渗漏问题一直没有真正解决好，对屋顶绿化后是否会造成屋顶排水不畅，渗漏加剧的担心也是不无道理的。但调查显示，现在屋面渗漏主要原因是由于结构的不均匀沉降和施工质量问题所造成的，并且空气、雨水对屋面的风化和对混凝土的腐蚀也是造成渗漏的原因之一。屋顶绿化所用的覆土，实际上是一道保护屋面的屏障，而且具有保温隔热的作用。这是因为从理论上讲，覆土在吸水达到饱和状态后，会形成一层有滞水作用的憎水膜，这对于防水无疑是有利的。而且覆土上种植植物等，可以使屋面免受夏季阳光的暴晒，表面温度得以降低。对刚性防水层来说，可以避免热胀开裂、减轻屋面振动。对于柔性防水层和涂膜防水层来说，可以减缓老化、延长寿命。所起的保护作用是十分明显的。虽然当浇灌植物用的水肥呈一定的酸碱性时，会对屋面防水层有腐蚀作用，但可以通过在原防水层上加抹一层厚 1.5～2cm的火山灰硅酸盐水泥砂浆，再覆土绿化的方法加以解决。多用于液体池壁防水的火山灰硅酸盐水泥砂浆具有耐水、耐腐、抗渗等优点，在它与覆土层的共同作用下，屋顶的防水效果将更加显著。所以从国外成功的实例和国内积累的经验来看，通过采用新的材料，新的技术，还是可以处理好屋顶渗漏这一老大难问题的。

无论在新建建筑上还是在旧建筑上进行屋顶绿化，都只有在确认屋顶防水工程合格的条件下才可施工。检验是否合格的最好方法就是做防水试验。经过防水试验，如果在各种管道穿出屋顶的部位和挑檐等防水薄弱的部位发现有漏水痕迹，必须进行修补或返工。以免给其他部位造成隐患。对于在旧建筑上改建扩建屋顶花园，除了要查明屋顶现在有无漏水现象外，还要考虑屋顶以后是否会有渗漏的可能性。因为旧建筑大多采用油毡防水层，而沥青油毡的使用寿命为 10 年左右，过期使用必然会老化破裂，大大增加了屋顶绿化完成后屋面渗漏的可能性。因此为了不留隐患，避免更大的浪费，必须铲除接近使用年限的油毡防水层，重新做防水层之后，再进行屋顶绿化工程的施工。另外在建造屋顶花园时，绝不能破坏原屋顶防水层。在围护墙与原建筑的女儿墙之间应留出一定空隙，既可以保护原有的防水层，又可以为建成后的管理维护提供方便。在围护墙中还应该尽量埋入填有珍珠岩的排水管，这样既可以提高雨水的排除能力，又可以减少漏水的可能性。如图 2–3–5 所示。

屋顶绿化是一项系统工程，要求各种专业人员、现场施工人员、监理人员必须相互配合。例如一般情况下，进行屋顶绿化时不允许在已建成的屋顶防水层上再穿孔洞或管线和预埋铁件与架设支墩等。对于屋顶绿化所必需的预留孔洞和预埋件等，应由园林设计部门与建筑结构设计单位密切配合，在建筑结构的施工图中

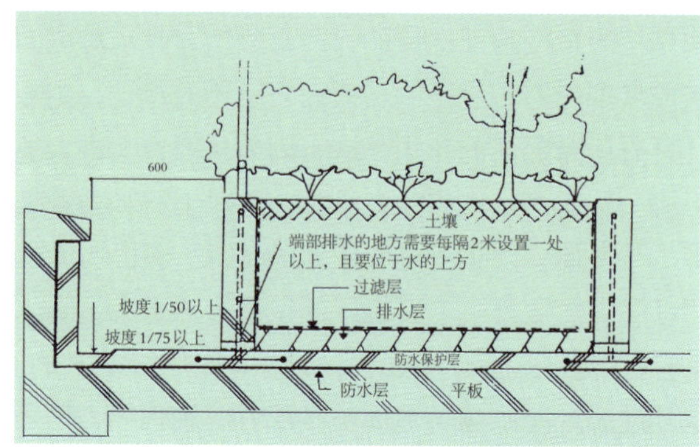

图2-3-5 屋顶防水与排水示意图

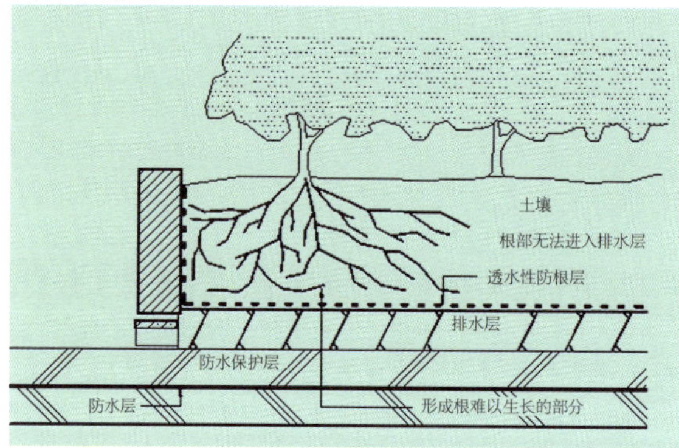

图2-3-6 防根措施之一

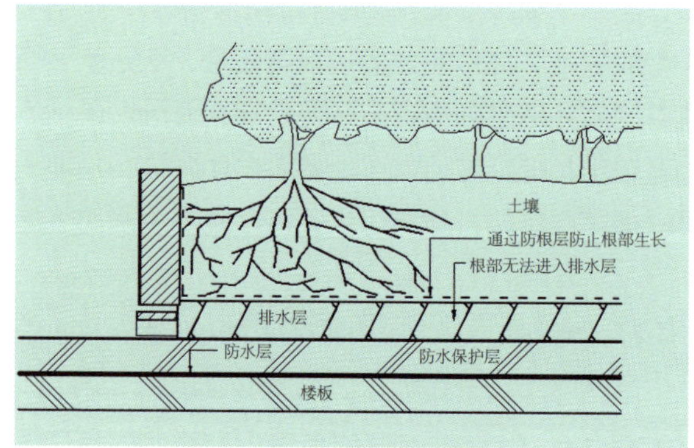

图2-3-7 防根措施之二

给予表达，并有详细的做法。对于在旧建筑物上增建屋顶花园，为固定设备装置等，应采取不破坏原屋顶防水层的其他措施。

由于一般建筑物屋顶的排水系统不能满足屋顶绿化后所出现的各种排水要求，因此在规划设计排水系统时应考虑适当增加排水管数量，加大排水管径等问题。而对于旧建筑上增建屋顶花园，应在原屋顶排水系统的基础上进行规划设计，不要随意改变原排水口的位置和坡度等。

三、防根措施

植物的根有很强的穿刺能力，一旦遇到裂缝等，就会通过那个仅有的缝隙，进入混凝土，越扎越深，从而损伤防水层。为避免植物根系破坏防水层，一般在防水层或防护混凝土之上铺一层聚乙烯塑料布（垫）（厚0.3mm）之类的防根卷材来防止根茎贯通。如果对防根卷材的表面进行光滑处理，可以使防根侵入的效果更好（图2-3-6，图2-3-7）。

在露明防水做法中，可以铺设防根卷材，使防水层本身具有抗根侵入的防御能力。在刚性防水做法中，除了利用混凝土保护层等防止根的冲击，还要再用防根卷材，两者并用，效果最好。尤其是在只有保护灰浆层时，防根卷材更是必不可少。

特别是对于竹子等地下茎有强烈的伸长性的植物，要采取两重甚至三重以上的防根措施，才能避免渗漏。在因施工使防根卷材受伤或接合部做得不够的情况下，或者在栽种后的移植、挖土的时候因工具使防根卷材受伤之类的情况下，尤其要当心。

防根卷材是一种密织的化学纤维，除了利用其透水性，铺设在排水层上加以使用外，也可以采用以化学物质停止根的生长的方法。这个方法要在防根卷材上设置4～5cm防止根生长的空间。在担心竹子等植物的地下茎有侵入危险的情况下，可以采用这个方法。

由于根具有一旦露出土壤，即会停止生长的特性。所以为促进排水，要在排水沟周围或本体的伸出部分，铺设大粒的珍珠岩等。实际上，这种做法也有防根侵入的效果。

第四节　屋顶的排水

一、设置排水层的目的

设置排水层的主要目的是要将种植土中的多余水分排出，调节植物生长层中的含水量，改善土壤的通气状况，以利于植物的正常生长。水分浸润土壤后，会很快充溢到土壤的缝隙里，并将其中的空气挤出。如果水分滞留时间过长，会使土壤中缺乏氧气，造成植物根部细胞呼吸困难，以致坏死，出现烂根现象。尽管植物可以通过自身的调节机制，适应土壤中水分在一定时间、范围内的变化，但由于土量有限，其调节能力非常有限，特别是在出现大涝大旱时，水分的大幅波动会直接影响植物的正常生长。因此，建筑屋顶排水层的设置是十分必要的，对于多雨地区更是必不可少。

在屋顶绿化施工时，屋顶排水层要与原屋顶排水系统相互配合。例如要保持原排水口的通畅，排水坡度不变等。特别是大型种植池排水层下的排水管道，更应与原排水口配合，将种植池内多余的水通畅地排出。

二、排水层结构

屋顶绿化的构造层由下而上包括楼板、防水层、隔根层、保湿层、蓄排水层、过滤层、土壤层和植被共8层，其中隔根层、保湿层、蓄排水层、过滤层4层为通常所说的排水层（图2-4-1）。过滤层为无纺布材料（丙纶、涤纶），粘连在隔根兼蓄排水板上面，该材料具有很强的渗透性和防根系穿透性，可防止人工基质的成分和养料经冲刷随水流失。蓄排水层主要为厚度不同的凹凸型蓄排水板，其施工方法是将隔根兼蓄排水板铺设在防水层钢筋混凝土砂浆保护层上，搭接缝有效宽度15cm，并向建筑侧墙面延伸，比人工种植基质层的上沿高度低5cm。保湿层可以保持一定的水量，防止水分的完全蒸发，而隔根层则是防止植物根系的穿刺（图2-4-2）。

图2-4-1　屋顶花园排水结构示意图

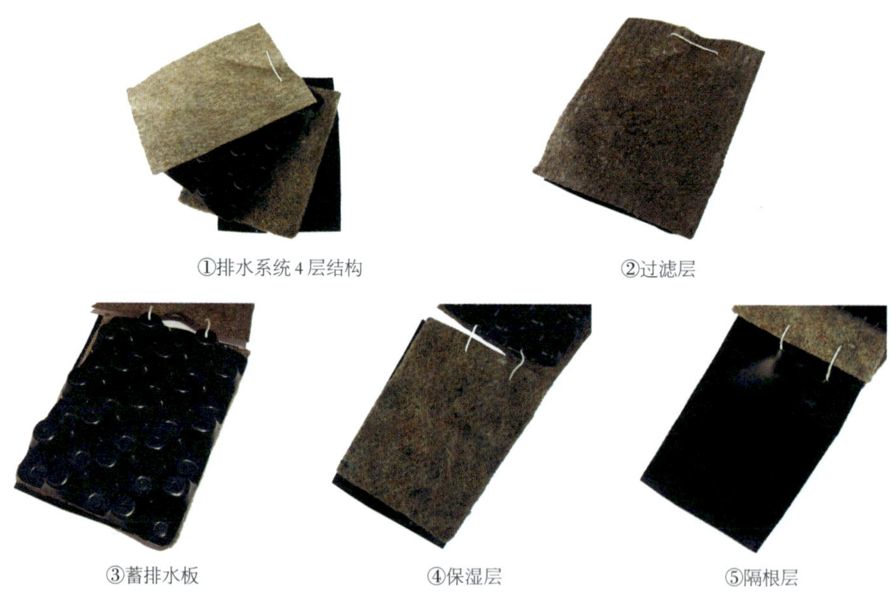

①排水系统4层结构　②过滤层

③蓄排水板　④保湿层　⑤隔根层

图2-4-2　排水系统各结构层

三、排水层施工要点

1.排水和保水

人工基盘可以说是用混凝土做成的像水池一样的空间。为了植物的生长，适度的水分是必要的，但是如果排水不好，根被水浸泡，也会腐烂，对植物的生长造成不良影响。而且过多的水还会使屋顶的荷重增加，有时会有漏水的危险。屋顶的排水方式较多，有骨材型面排水、保水型面排水、非保水型面排水和复合型面排水，其结构如图 2-4-3 所示。

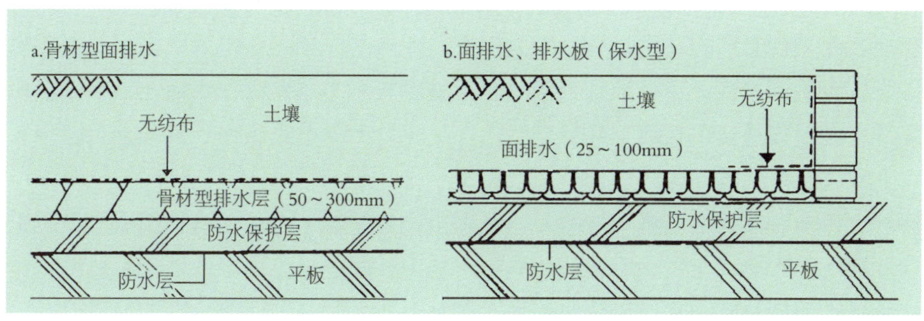

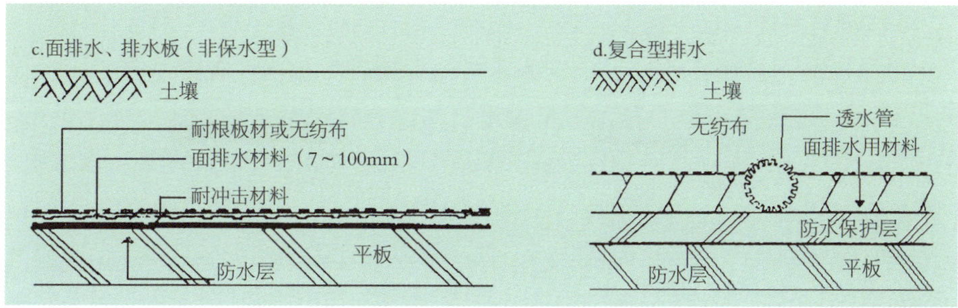

图 2-4-3　排水方式

在人工基盘上，黑土等自然土壤的表面会变硬，发生溢流现象。人工轻质土壤虽然不会发生所说的硬化，但却因为重量轻，如果排水不好，会因下面水的作用而浮起来。

2.适度存留，适度排走

担当排除多余水的任务的是排水层。一般排水层可以采用粒径不大于 3cm 的卵石。排水层既可以排水，又可作蓄水层，将多余的水蓄存在卵石层内，当种植土干燥时，再吸回土中。近年来，国内外很多厂家推出了各式各样的绿化系统和排水做法。除了简单地选择厂家的产品，还可以通过在土壤的下面铺设粗沙、沙砾、黑曜石、珍珠岩等的方法，来提高排水性能。全面铺设树脂系列的排水板也是不错的方法。本来可以利用土厚来确保保水性，但是在土壤很薄的时候，也可以使用排水层本身有保水功能的产品。

对植物来说，为了得到氧气，水是必需的东西。在降雨和浇水的时候，水和氧气一起进入地下。植物在地下吸收各种养分，同时完成呼吸过程。

如果水的渗透较慢，横向流动的速度很缓慢，则在遇到暴雨时，雨水会滞留在地表面，造成水的过剩，从而成为水进入室内的原因之一。为了排水，不能只考虑土壤的渗透性，还必须想办法将水迅速地导向排水沟，使水流走。所以应在混凝土板上设适当的坡度，并建排水沟。在面积比较小的住宅等屋顶上，设1/50以上的坡度是比较理想的。为了防止泥土和落叶堵塞排水沟，应用网状物等加以保护。而当屋顶全面铺满土壤时，排水沟也会被埋在土中。在这种情况下，应采用混凝土制水槽、金属制水槽或树脂制水槽等，并进一步用珍珠岩等粗粒的骨材将排水沟四周包围起来，以促进排水（图2-4-4）。

3.过滤与隔离

过滤层是为了防止生长层中的人工种植介质微粒被水冲进排水蓄水层而设的保护层。过滤层常用的有无纺布过滤层和由有机材料（稻壳、椰壳、纤维）制成的过滤层两种。过滤层的主要作用就是滤除被水从种植层冲走的土壤颗粒。

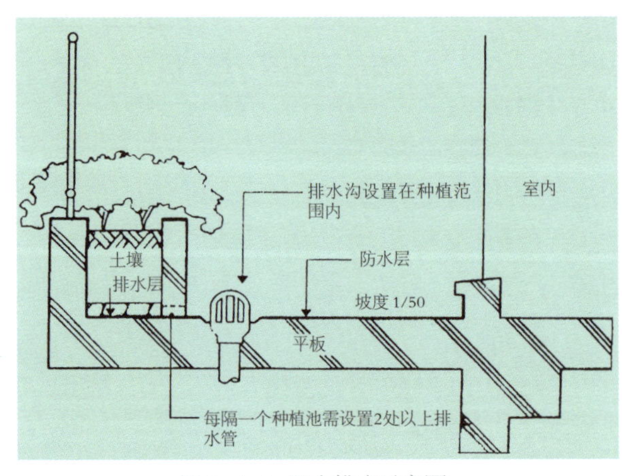

图2-4-4　阳台排水示意图

如果种植层中的土壤颗粒随水流失，不仅会影响种植土的成分，而且还会堵塞排水管甚至建筑屋顶的排水系统，留下屋顶渗漏的隐患。

隔离层是在防根穿刺层与防水密封层之间加的一道连接层。一般采用聚乙烯膜、玻璃纤维布、无纺布，也可抹一道水泥砂浆作为替代。

4.排水沟

在建成的屋顶上，除设置排水层外，还需设置排水沟，尤其在降雨量大的地区。屋顶排水沟与所有用在花园中的排水沟一样，都应该设计成可以同时收集屋顶表面污水和横向排水沟表面污水的形式，排水沟的数量应该预先设计好。一般排水屋面的形式有外排水屋面和内排水屋面两种，外排水屋面的雨水口设在屋面两侧，可在雨水口侧边砌花池，设置排水明沟。花池每隔5m左右预留排水孔，以阻挡培植土流失及增加培植土的疏水面积。在排水不良的地方增设暗沟、盲沟等排水设施，并适当抬高园路，在园路下埋设排水暗沟，形成较完善的外排水系统。内排水屋面在雨水口连续砌排水暗沟，并预留排水孔，暗沟顶部可用水泥预制板盖顶。在下水口及暗沟适当位置设置排水竖井，以利检查及疏通排水暗沟，并通过暗沟、盲沟等设置，形成较为完善的内排水系统。还需要提到的一点是，应该对排水沟进行周期性的清理，以保证正常运作。

四、排水层的种类

利用水受重力作用而由高向低流动的特性,在屋顶上人工设坡,将水导向排水沟并排走的做法是最简单、最常用的。为了满足屋顶的防水要求和植物的排水要求，屋顶的坡度至少要达到1.5%～2%。同时，在防水层与围护墙间留出空隙，或使容土层高度低于防水层高度15cm来防止漏水。另外，尽可能在围护墙内埋入珍珠岩填实的渗水管，以提高雨水排除能力。

屋面的排水系统和防水层一样，是防止屋面渗漏的另一技术关键。只有将屋顶上的雨水、雪水和灌溉水等多余的水排走，屋顶上才能避免积水，从而保证屋顶不漏水。排水层大多采用砂砾、膨胀黏土、浮石粒或泡沫塑料排水板等。

（1）传统排水层材料

①卵石、瓦砾、粗砂，密度为2000～2500kg/m³。

②普通陶粒，密度为600kg/m³。

（2）新型排水层材料

①干束排水系统。由排水板、保护层、过滤层组成，干束排水板由橡胶制成，具有多孔结构，能有效、快速排水。使用寿命可长达50年。瑞琪渗排水材料，是一种以热塑性聚烃类制成的连续长纤维多孔状新型土工合成材料,又称塑料盲沟、

塑料暗渠等，主要作用是收集、排除土中的滞水和减少地下水压力，性能良好。该材料分为圆形管材和矩形片材两种，矩形片材适用于屋顶绿化的排水层。

②塑料夹层板。通过高抗压的密集支点，在结构与屋面层之间做出整体空隙夹层，排水性能良好。该品种厚度只有10～40mm，重量很轻，是目前建设部批准的科技成果推广项目，比较适合在屋顶绿化无土栽培中使用。

第五节　种植屋面的种类

一、种植屋面的种类

根据土层的厚度和必要维护，种植屋面分为以下3类：①轻型种植屋面；②重型种植屋面；③混合型种植屋面。

轻型种植屋面是指屋面系统中土层相对较薄，覆盖的植物体形较小、对温度和湿度的适应能力强，生命力旺盛而无需特殊维护和保养的花园屋顶。主要用于简单式屋顶绿化，其优势在于改善当地气候、提供动植物生长环境和保护屋面，总体质量轻、只需少量的维护，适合许多耐旱植物（景天属），同时在蓄水性、吸声性、调节温度等方面具有一定的功效。其结构层如图2-5-1所示，包括：①排水层；②过滤毡；③薄型土壤；④植物（例如：景天属类）；⑤保护毡；⑥防水层；⑦保温层；⑧蒸汽阻拦层；⑨波形钢板瓦。

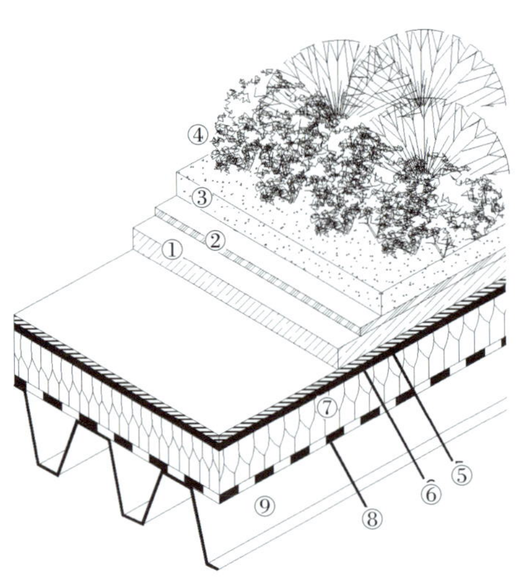

图2-5-1　轻型种植屋面结构层

重型种植屋面是指屋面系统中土层相对较厚，覆盖的植物体形较复杂、对温度和湿度的要求较高，需特殊维护和保养的花园屋顶。主要用于花园式屋顶、活动场所等，其优势在于改善当地气候、蓄水功能强、吸声效果好、具有较强的调温性能，并适合所有植物，具有花园、运动场、公务等多重使用功能。其结构层如图2-5-2所示，包括：①隔离膜；②保护毡；③排水层；④排水管；⑤过滤层；⑥根阻织物；⑦厚型土层；

⑧植物；⑨根阻防水；⑩保温层；⑪蒸汽阻拦层；⑫屋面板。

图 2-5-2　重型种植屋面结构层

二、种植屋面的结构

屋顶花园中，屋面的系统结构如图2-5-3 所示，一般包括植物层、土壤层、过滤和排水层、防水层和屋面板5层，其中植物层根据设计内容选择植物，完成绿化、美化和改善环境的要求；土壤层厚度在20～150cm之间，主要给植物提供生存所需的空间和营养；排水和过滤层的功能是储存一定量的水分供植物生存，并将多余的水分过滤后通过排水系统排放；防水层一般具有根阻功能，可以包括分离层和植物根阻拦层，分离层的功能是分离滑动，保护防水层不受结冰所产生的应力的影响，植物根阻拦层既防止水的渗漏，也防止植物根穿入保温层，提高保险系数。

根据不同的屋面类型，种植屋面的结构可以做出相应的调整，形成多样、完整的屋面结构系统。德国威达公司在这领域中已具有相当完备的技术手段，针对不同的屋面研制和开发了多种产品，现简单介绍其中的2种方案，以供参考。

方案1：在威达无保温（或已有保温）屋面上形成营养板轻型屋顶花园

（1）种植区域

①基层（建议坡度2%～9%，相当于1°～5° 的坡度），水泥、木或钢结构

②冷底子油

③威达自粘 WS-U 第一层根阻防水卷材

④威达系列第二层根阻防水卷材

⑤威达营养基蓄水板

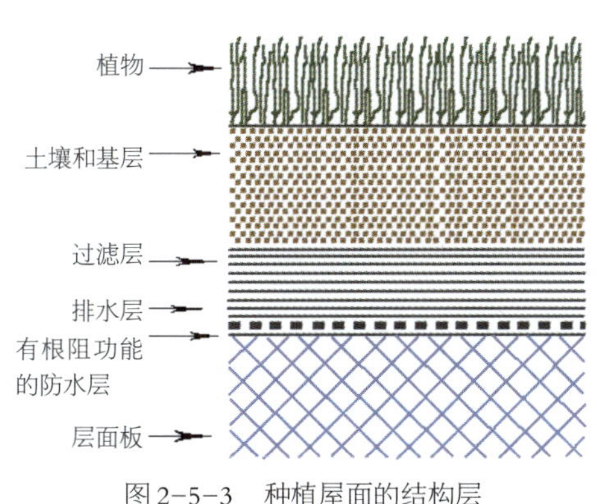

图 2-5-3　种植屋面的结构层

⑥营养土 4～40cm（根据设计需要）

⑦植物（根据设计需要）

注：在土层厚度小于 15cm 时，可在坡屋面上做种植，坡度可达到 30°。

（2）园路、屋顶平台区域

①～④相同

⑤保护毡

⑥砾石层（起排水作用）

⑦无纺布过滤层

⑧碎石层（2～8mm 直径，厚度≥ 5cm）

⑨石板 4～5cm 铺面（或其他材料铺面）

（3）隔离带区域

①～④相同

⑤保护毛毡

⑥砾石层至设计标高

注：砾石区域与种植区域用保护毡或带孔铝挡板，或路墩隔开。

方案 2：平改绿方案

（1）种植区域

①水泥基层（建议 2%～9%，相当于 1°～5° 的坡度）

②冷底子油

③威达底层防水卷材 SBS3mm（Vedatect PYE S3）

④威达根阻防水卷材 Vedatect WF

⑤蓄水过滤毯

⑥营养土 4～40cm（根据设计需要）

⑦景天属植物

（2）园路、屋顶平台区域

①～④相同

⑤保护毡

⑥碎石层（2～8mm 直径，厚度≥ 5cm）

⑦石板 4～5cm 铺面（或其他材料铺面）

（3）隔离带区域

①~④相同

⑤保护毛毡

⑥砾石层至设计标高

注：砾石区域与种植区域用保护毡或带孔铝挡板，或路墩隔开。

第六节　植 物 种 植

一、植物选择的原则

与地上庭院所用的树木一样，可以用于栽植的基本上没有什么改变，然而在屋顶这样特殊环境中实施的栽植计划，需按以下原则进行：

（1）选择耐旱性、抗寒性强的矮灌木和草本植物

由于屋顶花园夏季气温高，风大，土层保湿性能差，特别是一年中温差很大，应选择耐旱性、抗寒耐热性强的植物。同时，考虑到屋顶的特殊地理环境和承重的要求，应注意多选择矮小的灌木和草本植物，以利于植物的运输、栽种和管理。

（2）选择阳性、耐瘠薄的浅根性植物

屋顶花园大部分地方为全日照直射，光照强度大，植物应尽量选用阳性植物，但在某些特定的小环境中，如花架下面或靠墙边的地方，日照时间较短，可适当选用一些半阳性的植物种类，以丰富屋顶花园的植物品种。屋顶的种植土层较薄，植物根的伸长范围受到限制，应选择浅根的、生长慢的植物。屋顶花园多处于居民住宅楼的顶层或附近，施用肥料会影响附近居民的卫生状况，故屋顶花园应尽量种植耐瘠薄的植物。

（3）选择抗风、不易倒状、耐短时旱涝的植物

一般而言越高的地方风就越强，所以屋顶上风较地面上要大，特别是有台风来临之机，风雨交加对植物的生存危险最大，加上屋顶种植层较薄，土壤的蓄水性能差，一旦下暴雨，易造成短时积水。在植物选择时多用一些抗风、不易倾伏，同时又能忍耐短时积水的植物。由于屋顶上风较大，土壤很容易干燥，因此耐旱的植物也是选择的标准之一。

（4）选用生长旺盛、易于管理的植物

屋顶花园建造的目的是增加城市的绿化面积，美化城市立体景观。与其采用要

求特殊管理的植物，不如选用生长旺盛、易于管理的植物。所以屋顶花园上的植物尽可能以常绿为主，冬季能露天过冬。为了增加屋顶花园的季相变化，还可适当配植一些色叶树种；在管理条件许可的情况下，可用盆栽放置一些时花植物，做到花园四季有花。从抗风性和增加荷载等方面考虑，大树类的树种应尽量回避。

（5）尽量选用乡土植物，适当增加当地精品

乡土植物对当地的气候有很强的适应性。在环境相对恶劣的屋顶花园，选用乡土植物易于成功。同时考虑到屋顶花园的面积一般在几百至几千平方米以内，在这样一个特殊的小环境中，为增加人们对屋顶花园的新鲜感，提高屋顶花园的品质，可以适量引种一些当地植物精品，使人感到屋顶花园的精巧、雅致。

虽然如上所述，似乎让人觉得已完全没有选择的余地了，但还是要坚持到底，因为这是可以避免失败的原则。当然从动手培育植物并从中获得快乐的角度看，对于那些在树形、颜色和纹理等方面适合自己爱好的植物，也可以进行尝试。

二、常用植物种类

对于大面积屋顶覆土绿化，由于覆土厚度浅及屋顶负荷有限，加之屋顶上特殊的生态环境，如日照足、风力大、土层薄、湿度小、易干旱、易受冻等，要求植物需具备喜光耐干旱耐贫瘠、浅根系且水平根发达、生长缓慢以及抗风耐寒等特点。适合种植在屋顶的常见植物有以下6类，其主要特征见表2-6-1。

（1）乔木类

白皮松、油松、龙柏、银杏、栾树、紫叶李、龙爪槐、柿树、海棠类、山楂、散尾葵、短穗鱼尾葵、蒲葵、三角椰子、棕榈、罗汉松、夹竹桃、桂花等。

（2）灌木类

黄杨、冬青、金叶女贞、鹅掌柴、龙舌兰、连翘、凤尾丝兰、红叶小檗、三角花、苏铁、福建茶、黄心梅、黄金榕、变叶木、含笑、海桐、九里香、米兰、龟背竹、南天竹、双夹槐、苏铁、剑麻、青铁、红铁、天冬、洒金榕等。

花灌木可用珍珠梅、丁香类、红瑞木、迎春、木槿、金银木、黄栌、黄刺玫、果石榴、海仙花、月季、草莓、桃、梅、樱、榆叶梅、山茶、牡丹、火棘、连翘、海棠、紫叶矮樱、锦带花类、毛杜鹃、大叶龙船花、黄蝉、鹤望兰、大花美人蕉等。

常用屋顶绿化植物一览表 **表 2-6-1**

序号	植物名	观赏特征			生态习性
		花色	花期	其他	
1	白皮松			树冠开阔、老干呈粉白色	阳性、耐碱、不耐积水
2	油松			树冠广卵形，树干粗壮直立或弯曲多姿	强阳性、耐干旱、耐碱、耐寒、耐瘠薄土壤
3	龙柏			树冠圆柱形、似龙体	阳性、抗污染气体、滞尘能力强
4	沙地柏			匍匐小灌木、叶全为刺叶	阳性、喜石灰质肥沃土壤、忌低湿地
5	银杏			树干端直高大、秋季叶变黄	阳性、耐旱、耐寒、不耐积水
6	栾树	黄色	6～8月	树冠圆形或伞形、秋叶橙黄色	阳性、耐旱、耐寒
7	罗汉松			树冠广卵形	半阴性、喜半湿润土壤、抗污染气体
8	散尾葵	金黄色	3～4月	叶羽状全裂、大型、舒展	不耐寒、喜温暖、潮湿、耐阴
9	三角椰子			苍翠挺拔、宽大叶多	阳性、适高温、湿润
10	蒲葵			树枝美观、大型叶阔、肾状扇形	喜温暖、喜阳又耐阴、抗污染气体
11	棕榈			树干挺直、叶大扇形	耐阴、忌强风、抗污染气体
12	紫叶李	水红	4月	叶为紫红色	阳性
13	龙爪槐	黄白	6～8月	树冠伞形、枝条扭转下垂	阳性、耐寒
14	柿树			树冠宽卵形、秋叶紫红、果橙红	阳性、耐旱、耐湿
15	海棠花	粉红	4～5月	树冠长圆形	阳性、耐旱、耐寒
16	山楂	粉红	5～6月	果红	阳性、稍耐阴、抗性强
17	黄杨			枝叶紧密	耐阴、畏烈日、抗性强
18	冬青			果深红、冬叶紫红	阳性、耐湿、抗性强
19	金叶女贞			叶缘黄色、光泽	喜阳、不耐阴
20	夹竹桃	粉红、白	5～11月	枝叶浓绿	阳性，喜温暖、湿润，抗污染气体
21	桂花	黄、白	9～10月	树冠卵型、花芳香	阳性、喜湿润、抗污染气体
22	海桐	白	4月	花芳香	阳性、耐阴、抗污染气体
23	米兰	黄色	夏秋季		喜光、温暖、湿润不耐寒
24	含笑	乳黄色	4～5月	花具香蕉之浓香	喜温暖、湿润
25	鹅掌柴	白色	11～12月	叶浓绿，有光泽	喜温暖、湿润、肥沃土壤
26	龙舌兰			短茎、叶剑形	阳性、喜稍凉、干燥环境
27	连翘	金黄	4月	树冠开展、枝条弯曲下垂	阳性、耐寒、抗旱
28	红叶小檗	黄	5月	秋叶红色、果红	
29	三角花				
30	苏铁	黄褐	7～8月	树冠棕榈状	喜温暖湿润、不耐寒
31	变叶木			一叶多色、一叶多态	
32	珍珠梅	白	6～7月	树冠丛生、球形或扁球形	耐阴、耐寒、不择土壤

续表

序号	植物名	观赏特征			生态习性
		花色	花期	其他	
33	丁香类	淡蓝、紫、白	4～6月	树冠球形	阳性、稍耐阴、耐寒
34	月季	粉红、红、深红、白	4～10月	花色艳丽、花期长	喜光、喜温暖、喜微带酸性土壤
35	红瑞木	白色	5～6月	果蓝色、8～9月，秋叶红色、枝鲜红色	阳性、喜湿润土
36	迎春	淡黄	2～4月	小枝细小、拱形	阳性、稍耐阴、怕涝
37	木槿	紫、白、红	6～9月	树冠长圆形	阳性、耐半阴、抗性强
38	金银木	黄白	5月	树冠球形、扁球形，果红、9月	阳性、耐旱、耐寒、耐阴
39	黄栌	黄绿	4～5月	树冠球形、秋叶紫红	阳性、耐半阴及较干燥的山地
40	黄刺玫	淡黄、黄	4～5月	叶片细小秀丽	阳性、耐寒、耐旱
41	石榴	朱红、红、白	6～8月	树枝优美、枝叶秀丽	阳性、耐半阴、抗性强
42	海仙花	淡红色	4～5月	花冠钟状漏斗形	阳性、耐寒
43	桃	红、粉、白	4～5月	树冠球形或扁球形	阳性、耐半阴、耐旱、抗性强
44	梅	粉红、白色、深红	4～5月	树冠圆头形、广卵形、或扁头形	阳性、喜温、耐寒性不强、不耐涝
45	榆叶梅	粉红	4～5月	花重瓣或单瓣、叶似榆	阳性、耐寒、旱、碱
46	樱	粉红	4～5月	树冠球形、扁球形	阳性、有一定耐寒力
47	山茶	紫、红、白	2～4月	叶表面暗绿有光泽	喜半阴及湿润空气、不耐碱土、不耐寒、抗性强
48	牡丹	紫、红、白、黄、绿	4～5月	树冠圆球形	阳性、耐寒
49	火棘	白	5～6月	果红、6～9月	阳性、不耐寒、耐修剪
50	锦带花类	玫瑰红	4～5月	花冠钟状漏斗形	阳性、耐寒
51	假俭草			匍匐茎、蔓延力强，叶黄绿或蓝绿色	喜阳、根深、耐旱
52	结缕草			匍匐茎	耐旱、耐阴、抗污染气体
53	野牛草			匍匐茎	耐旱、耐热、耐寒、耐半阴、抗污染气体
54	狗牙根			匍匐茎、蔓延力强	耐旱、耐热、不耐寒、不耐阴
55	美女樱	红、粉、白	5～9月	枝条外倾，全株被长毛	喜温暖、湿润、耐寒
56	玉簪类	洁白	夏季	叶形、叶面变化多	喜阴、耐寒
57	石竹类	粉、粉、红、淡紫	5～9月	常绿亚灌木	阳性、喜凉爽、耐寒
58	铃兰	白色	5月	花芳香、果球形、红色	喜凉爽、湿润、耐寒

续表

序号	植物名	观赏特征			生态习性
		花色	花期	其他	
59	随意草	紫红、红、粉	7～9月		喜光、湿润、耐寒
60	萱草类	橘红、橘黄	6～7月	叶丛紧密、成丛	耐寒、耐半阴、喜日光
61	鸢尾类	紫、白、黄	6月	花色丰富、重瓣性强	耐寒、阳性
62	景天类	白、黄、粉红		形态大小各异、肉质叶、草本或灌木	阳性、喜温暖、耐寒、耐旱
63	爬山虎			秋叶红、橙色	喜湿润、抗污染气体、耐寒
64	金银花	黄白	5～7月	花芳香，半常绿缠绕藤本	阳性、稍耐阴、耐寒、耐旱、抗污染气体
65	常春藤		8～9月	果黑色、叶三角形、常绿	耐阴、忌强光
66	木香	白、黄	4～5月	常绿或半常绿	阳性、耐寒性差
67	牵牛	白、粉红、紫红	7～9月	花冠呈漏斗状	喜温暖、喜光、耐半阴、耐干旱
68	炮仗花	橙红	2～4月	花冠外翻、形如炮仗、常绿	喜肥沃土壤、不耐寒
69	紫藤	紫、淡紫	5月	阳性、耐阴、抗性强	
70	凌霄	橙红、鲜红	7～8月	花大	阳性、稍耐阴、耐旱
71	络石	白	4～5月	花芳香、常绿	耐阴、喜湿润、耐寒性不强
72	茑萝类	深红、白、紫	夏秋	花冠漏斗形	
73	龟背竹			叶呈心形、酷似人工剪饰	喜高温多湿、忌光线直射
74	南天竹	白色	5～6月	叶入冬现红色、果红色	喜温暖湿润、不易阳光强烈

（3）地被类

南方可用马尼拉草、凤尾草、马蹄蕨、大叶草、台湾草、假俭草、沿阶草、海金砂、绒蕨等；

北方可用结缕草、野牛草、狗牙根、麦冬等。还有美女樱、太阳花、遍地黄金、红绿草、吊竹梅、蟛蜞菊、马缨丹、凤尾珍珠、玉簪类、石竹类、铃兰、随意草、沙地柏、白三叶、大花秋菊、小菊类、鸢尾类、萱草类、五叶地锦、景天类等。

（4）果蔬类

葡萄、兰瓜、丝瓜、佛手瓜、青菜等。

（5）攀援植物类

爬山虎、金银花、常春藤、木香、牵牛、炮仗花、三角梅、紫藤、凌霄、络石、茑萝、油麻藤等；还有各种树桩盆景等。

三、植物种植方式

为了减轻各式各样环境压力对植物的影响，植物配植方法应立体化、多方位地加以考虑。要把乔木、亚乔木、灌木和地被植物复合地组合在一起，再决定其高宽尺寸、配植方式和密度形状等。配植不仅要符合观赏及收获的要求，还要为以后能顺利地维护与管理做好计划。因此，植物配植应注意以下几方面：

（1）在受风影响很大的情况下，应该采取充分的防风措施，如使用防风网、支柱等，如果有困难，就要避免栽种高大乔木。

（2）在上风方向，要密植有抗风性、耐旱性的树木，这样可以防止风影响植种区内部。

（3）孤植树种植要选择风较弱的地方，树种不仅要有抗风性，耐旱性，而且树形的挡风面积较小。

（4）亚乔木、乔木的栽植密度，以栽种2～3年后树冠可以互相接触的程度为准（大约2～4m的间隔），灌木的栽植密度，以栽种1年以内树冠之间可以充满为限（大约0.5～1m的间隔），应该尽可能地密植。

（5）为了防止土壤干燥、飞扬，应用灌木和地被植物，或用覆盖层等覆盖土壤，使其不暴露出来。覆盖层做法就是在栽植的地表上，铺撒约3cm厚的树皮屑、树皮纤维等覆盖材料，它不仅可以防止地表土壤干燥飞散，还可抑制杂草生长。使用人工轻质土尤其需要设置覆盖层。

由于风容易使土壤干燥，所以尽可能把叶子茂密的常绿树密植在种植地的外侧，以防风的侵入，这样在栽植地的内部，就可以种植具有季节变化的落叶树和美丽的花草了。但是，这种将四周围合的做法，会遮蔽外部视线，引起开放感不足。当然封闭的感觉会因屋顶种植面积的不同而不同。为了消除风的影响，应积极创造适合植物生长的环境。

在土壤中混植大小不同的植物，是能否种植成功的关键。无论是高大的乔木，还是低矮的灌木和花草，它们在土中互相沟通，传递养分，应把树林看作一个生命体而加以保护。

第七节　养 护 管 理

由于与地面上的自然生境相比，屋顶上的环境要恶劣得多，加上种植土层薄，所以建成后日常的养护管理非常重要，这不仅关系到屋顶绿化是否能够达到预期效果，而且关系到植物是否能够存活的问题。因此，在养护管理方面，要求更加严格，更加细致。必须要由有一定养护管理经验的专职人员来承担这一工作，该项工作主要包括以下方面。

1.灌溉

植物如果离开水会很快就变得干燥、枯萎，有时甚至会导致植物死亡。屋顶花园中的植物也同样如此。必须要对植物进行灌溉，以维持其生长所必需的水分。虽然在多雨地区的城市里可以利用自然的降水，但考虑到有些特殊情况，如梅雨过后的枯水期里植物还会有水分不足的问题。同时屋顶上风大光强，高温干燥，夏季容易造成植物水分蒸腾量增大，发生枝叶焦边、干枯现象。所以必须要依照气候变化、季节变换以及植物生长要求，进行随机灌溉，使屋顶上的土壤和空气保持一定的湿度。不同植物对水分要求不一，有的耐湿、有的耐旱，应进行细致养护。采用喷壶、洒水软管等人工灌溉方法，虽然省钱省力，但方式比较粗放，对维护人员的要求较高，因为水量一旦失控，不仅会影响植物生长，还会造成排水困难，引发屋顶渗漏。所以对于大面积的屋顶绿化，应选择自动灌溉方式，如设置渗灌管等，再辅以手动灌溉方式，以增强灌溉方式的安全性、可靠性、灵活性。所以，对于屋顶花园中的植物，大体可以通过人工和机械两种方法来达到灌溉的目的：

（1）人工灌溉——即用软管或人力进行的灌溉。管理者先观察土壤、植物状况，决定是否该浇水，然后将软管接到供水龙头上，其用水量的多少往往取决于灌溉面积的多少。这种方法虽然原始，但简单易行，安全可靠，在劳动力丰富的地方经常被采用。

（2）机械灌溉——即在屋顶花园的地上或地下安装独立的灌溉设备，通过控制喷水头的开关来达到灌溉的目的。机械灌溉又可分为3种方式，即定时定量式、自动式、地下式。

定时定量式灌溉就是在屋顶花园的地上铺设输水管，并以适当的间隔安装有喷水开关控制的喷水头，由专门的管理员根据实际情况，来定时定量式地进行灌溉。这种灌溉方式对于大范围内的灌溉来说，是一种非常简便易行的方式。有时也可以结合可移动的输水管，对特殊的地方实行集中灌溉，只是要注意解决植物对输水管移动所产生的阻碍问题。

自动式灌溉的工作原理是根据土壤的干燥程度来决定何时浇水，浇多少水。把可以测量土壤水分的感应器埋入最易干燥土壤部分的地下30cm处，当土壤干燥程度达到设定值时，感应器发出电流信号，自动打开浇水装置的控制阀门，实现对植物的灌溉。这种方式的优点在于不用专门的管理员也可以完成对植物的供水，利用这种自动控制，可以在平时维持土壤中的含水量。

地下式灌溉是利用从地下埋设的特殊输水管中渗透出来的水直接湿润周围土层的一种方式。这种特殊的输水管是一种由多孔质材料制成的出水孔不易堵塞的透水管，当其周围的土壤干燥时，水会从透水管中渗出，而当土壤湿润时，一部分水又会被吸回管内，从而可以将土壤中的水分控制到一定程度。这种方式的最大问题在于，当在较大范围内使用时所需的特殊输水管的数量相当大，会带来高昂的造价。

以上的人工灌溉与机械灌溉两种方式，无论采用哪一种，都应该根据当地当时的实际情况来决定。例如，在屋顶花园中经常被风吹到的地方，会因风的作用，造成该处土壤表面水分的显著蒸发，如果仅依靠定时定量式灌溉，不仅浪费，而且别处的植物也会因浇水过量而影响正常生长，因此这时利用人工灌溉就成为解决问题的最好方式。另外在设有排水层的屋顶花园中，因土壤的水分会从排水层蒸发，土壤深层有时会产生干燥现象，如果仅凭土壤表面变白来判断是否该浇水的话，植物早已枯萎，此时只有地下式灌溉最有效。因此采用多种灌溉方式比只用单一方式更能满足实际需要，虽然短期内有单方造价高的问题，但从长远看，这应是解决实际问题的理想方法。

在决定了灌溉方式之后，还存在一个如何把握土壤水分，掌握灌溉的最佳时机的关键问题。

2.施肥、修剪

由于种植土层薄，要保证植物的正常生长，特别是多年生的植物，施肥是必需的。目前，多采用腐熟人粪尿或饼肥作追肥，既搬运不便，又不卫生，最好用开沟埋施法进行。对于植物还要定期进行修剪，控制其体量，保持其外形，既可以减少植物的养分消耗，利于根系生长，又可以减轻屋顶负荷，消除安全隐患。

为了避免杂草与绿化用植物争夺生存空间，应当定期进行除草工作，从而保证植物的正常生长。

3.补充种植基质

由于经常不断的浇水和雨水的冲淋，使人造种植土流失，体积日渐减少，导致种植土厚度不足，一段时期后应添加种植土。另外，要注意定期测定种植土的pH值，不使其超过所种植物能忍受的范围，超出范围时要施加相应的化学物质予以调节。

4.防寒、防风

屋顶冬季风大，气温低，加上栽植层浅，有些在地面能安全越冬的植物，在屋顶可能受冻害。对易受冻害的植物种类，可用稻草进行卷干防寒，盆栽的搬入温室越冬。

在屋顶上进行绿化，会遇到风很强、土层浅、土壤分量轻的问题，采用更加坚实的树木支架等防止树倒的措施是十分必要的。一般使用地下树木支架。用于亚乔木时要配加焊接钢丝网，高大乔木要采用带阻力板的有固定根钵的地下树木支架。

即使树很高，但树干和树枝都有柔韧性，所以枝叶只在树的上部集中的树很难倒塌。与此相反，由于树很容易受到风压的作用，所以尽管树很低矮，但依然倒塌的例子也很多。

而且，即使在没有风影响的地方，在从移植后到充分成活的过程中，还是要在上风方向上设立超过树高的防风网或架设支柱等，这才是万全之计。当然在埋设支柱时要小心，不要伤到屋面防水层。

为了防止某些乔灌木被风吹倒，可以在树木根部土层下，增设塑料网，以扩大根系的固土作用；或结合自然地形置石，在树木根部，堆置一定数量的石体，以压固根系；或将树木主干绑扎支撑。

第八节　屋顶绿化的注意事项

建筑环境空间绿化是通过人工基盘来实现的。建筑物的屋顶、阳台和外壁等结构部分可以成为实施栽种的基础而被称为人工地基。由于屋顶庭园大多建在钢筋混凝土结构（RC）和铁骨钢筋混凝土结构（SRC）的建筑物上，所以建筑的屋顶是可以进行建筑环境空间绿化的主要场所。

在人工基盘上进行绿化，首先要在建筑体上采取防水和防根措施，并在其上铺设排水材料等，设置排水层，再在客土及土壤露出的部分上，用防止飞散的材料或地表植物，实现覆盖栽培。然后就可以在其上实施种植了。虽然也可以通过放置盆栽花木来实现环境绿化，但在人工基盘上进行环境绿化，可以更加安全可靠，高效耐久，而且与在地面上种植一样，享受各式各样做法所带来的快乐。

一般而言，虽然屋顶上风很强，但如果能确保充足的日照和雨水，就可以像地面一样实施绿化。由于一般住宅备有空调等的排气设施，公寓住宅等建筑也会设置电梯、高架水箱和通风换气塔等附属设施，所以在新建的建筑中，要预先考虑周全。阳台可以和室内连通起来，并作为房间的一部分来灵活使用。当建筑物和屋檐等遮蔽降雨或夜里的露水时，可能会造成植物的供水不足，所以要考虑水的浇灌的问题。

1.整体绿化注意点

为了保证绿化实施后良好的景观效果，在整个屋顶绿化过程中，从规划阶段开始就必须考虑多方面的因素，如安全问题、与周边环境的关系、植物的维护等（图2-8-1），以避免绿化后各类问题出现的可能性。

（1）安全措施

为了使用者的安全，屋顶庭园上需要设置护栏，特别是要注意对儿童的保护。种植在加高花盆中的植物就可以起到这种作用。但也应在一些特殊地方，使人们可以接近屋顶女儿墙上的栏杆，以便能看到地面上的景色。栏杆与栏杆支柱之间的空挡应该用金属网、安全横撑、玻璃、玻璃纤维或其他材料封闭，以防止低龄儿童、宠物或其他人发生意外的坠落。同时，防火逃生问题也需要优先考虑，在屋顶的景观设计中，必须要确保逃生出口处的逃生梯的畅通无阻。

（2）邻里关系

在市区的建筑，还应该考虑其周边状况。为防止树的果实、枝叶落到建筑物的外面，有较大果实的树木应种植在屋顶庭院的内侧，尤其是树叶茂密的落叶树，应

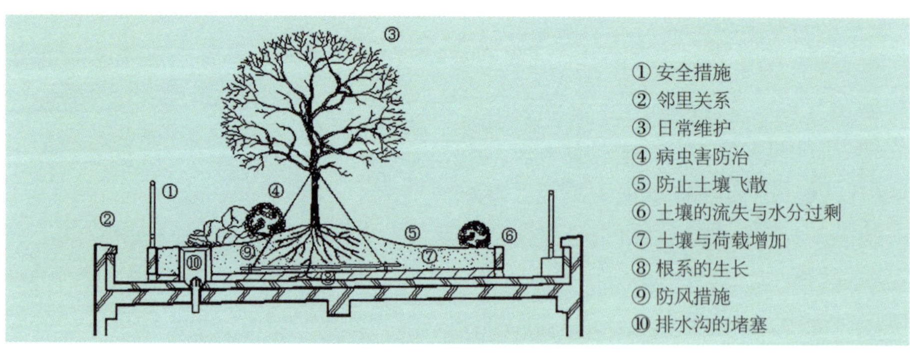

图2-8-1　屋顶绿化示意图

该种植在离建筑物边缘有一定距离的内侧。由于屋顶上的树木很容易吸引鸟类的聚集，因此要处理好鸟粪，以免产生麻烦。

（3）日常维护

由于在屋顶庭园上可以近距离地观赏植物，所以一般要求种植的植物具有一定的观赏性。植物生长需要充分的空间，种植时需考虑躲避障碍物，虽然以某种程度进行密植有利于植物之间的互动生长，但过度的密植会造成植物的生长不良。

像房檐、花架等的下方由于无降雨，所以会有水分不足的问题。而北侧的日照不足也是需要考虑的问题。由于屋顶上备有空调机等大型设施，而空调机等排出的热气有可能伤及枝叶，所以应该合理安排，避免排出的热气直接面对树木。尤其是大树，其重量会增加建筑的荷载负担，所以要进行剪枝和枝叶去除、疏苗等作业，以控制荷载的增加。

（4）病虫害防治

如果种植许多相同植物的话，某棵特定树木的病虫害就很容易向整体扩散。种植多种树木可以避免某类特定病虫害的发生。

（5）防止土壤飞散

风的强度与高度成正比，一般屋顶和阳台上的风力比地面上的强烈。由于屋顶上没有地下水的补给，而且受风的影响，土壤蒸发快，很容易干燥。作为防止土壤的干燥与飞散的对策就是要通过灌溉，保证足够的水分。此外可用木屑、沙砾以及地被植物来覆盖地表。

（6）土壤的流失与水分过剩

在降雨和浇水过程中，种植层土壤很有可能流失。把无纺布铺设在土壤和排水层之间，可以有效防止土壤流失。当建筑顶部有高出部分并直接与土壤接触时，为了防止漏水，应从土壤表面往上留出15cm的富裕空间，用于防水处理。

（7）土壤与荷载增加

因屋顶绿化使得建筑物的荷载增加，对构造上的安全性产生影响。使用人工轻质土壤可以减轻荷载。如果有假山、置石、踏石等园林小品，则应该利用天然的轻石和FRP制品等轻质材料。在假山和铺装下面，如果使用泡沫苯乙烯制品等轻质材料，需考虑由于滞水而引起上浮的问题。屋顶上的土壤由于没有自我施肥能力，加上土壤中生物不足，常被踩踏等原因，土壤很容易固结，造成植物缺氧。为了改良土壤，应定期施肥，并做好防止踩踏的保护措施，同时应比地上更加频繁地进行浇水。

（8）根系的生长

由于植物的根可以损伤防水层，造成屋顶漏水，所以必须采取充分的防根措施。一般而言在地面上的树会拥有与树形同样大小的根系。当土壤达不到一定的厚度，就会引起根部堵塞的问题，所以换土、断根等维护作业是必要的。而且由于屋顶花园的水分无法向地下渗透，所以水分过多，也会造成烂根。应该设法让大量的雨水迅速地从排水层排出。

（9）防风措施

由于强风，大树很容易被刮倒。利用密植的树木可以防护，特别是在风力很强的区域，应该预先采取防风的形式进行栽植。

（10）排水沟（排水孔）的堵塞

在屋顶绿化中，会出现因雨水的冲刷造成土壤和落叶堵塞排水沟的问题。铺设无纺布可以防止土壤流失。采用高出地面的排水沟，要防止覆盖竖井的铁丝网等网状物的堵塞。而且为了促进顺畅地排水，在屋面板上应该做排水斜坡，还要确保那里的水的流动路径。排水沟要经常进行检查。

2.局部绿化注意点

（1）种植区域

一般整体绿化的例子较少，而在局部设置铺装，用于步行，或留出空隙等做局部绿化的例子却很多。在这种情况下，防水层上要设立用于种植的端部构造。既可以采用砌铺砖块和混凝土砌块的方法，也可采用现场打造混凝土的方法来完成端部构造。后者有重量较重、工期较长的问题。对于尽可能轻量的屋顶庭园来说，应利用轻型混凝土砌块和泡沫树脂砌块等重量轻的端部构造材料。

如果让种植区域与无种植的区域产生较大高差的话，就能更容易地接近自然。用木板装修步行路面，铺装的下面铺上土，高差将会缩小，显得很不自然。但是为了利于植物的生长，需要稍多一些的土壤，这样可将铺装下的土壤空间作为根系的伸展空间而加以利用，就会取得一箭双雕的效果（图2-8-2，图2-8-3）。

如果不使用端部型材，也可将分界线设为缓缓的斜坡，再用草坪覆盖，这样可以看起来像假山的山脚。

局部绿化还要特别注意荷载问题。像高大乔木之类等很重的材料，要尽量安排在支柱和承重墙的上面，这样可以减轻建筑物的负担。

（2）水体

水景的应用也是屋顶绿化中的一种手法，水景所达到的效果在很大程度上可以提高屋顶花园的趣味性和愉悦感。在水景设计中应该考虑到以下因素：装水的罐子或水箱的重量、建成的屋顶结构以及柱子所在位置、水池水深、水池表层处理、水池结构建造材料、喷泉、瀑布等特殊效果的水景处理技巧、抽泵供应能力以及电缆、管道位置等。

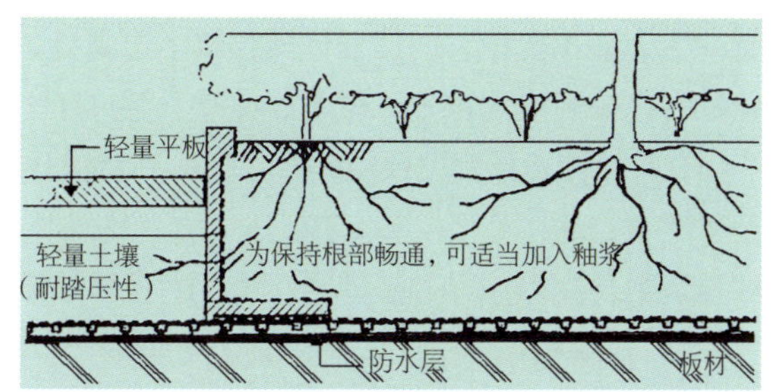

图2-8-2　使步道下部的土壤也成为根系伸展的空间

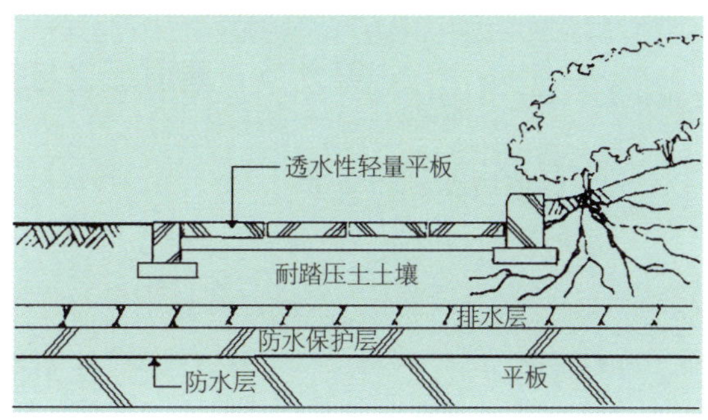

图2-8-3　为防止步道下部的土壤粉化，应加入土壤改良材料

如果想在视觉上制造出比实际水深的感觉，可以通过以下方法达到目的：把水池底部和侧面铺面涂上颜色，或把水池底部凹下一部分并使用深灰色或黑色铺面。如果想得到令人满意的水景效果，可以把水深设置为100～400mm。尤其是在水表面是流动或不平静的时候，这样，水的清晰度降低了，所以水看起来比实际深。

在需严格控制屋顶重量且屋顶不能加固的情况下，可以使用水深为6mm的预制玻璃纤维水池。在水相当浅的情况下也可以取得很好的水面效果。这种水景设计方法往往用于池塘设计，以使其有一个自然的外观。如果设计的水景中有喷泉，那么必须提供喷射水流所需要的电力供应。

水池的底面应该经过铆固和密封处理，不然就会发生严重的漏水现象。在冬季寒冷易结冰的地区，应该在冬季来临之前把水池中的水预先排干，以免影响结构的耐久性。也可防止对防水结构层造成损害。

（3）篱笆

篱笆具有防风沙作用，所以必须确保牢固结实，不会被强风损坏。如果篱笆建在一个空旷的场地上，那么肯定很显眼、很突兀。可以采用以下方法减弱这种视觉冲突，即不要把它们建在低矮挡墙上边缘处，可以把植物种植在篱笆下，这样植物可以攀爬在篱笆上，就不会显得太突兀了。是否这样做取决于设计需要。

在一个四边形的屋顶上，不应该在两个以上的边上设置篱笆。一般情况下，有藤攀爬植物的格子架或类似的开敞式篱笆比实体密闭的篱笆更可取。但是在一个开敞建筑中，使用密集支柱和集中排列的竹条可以取得更好的防护效果和所需私密性。

拱门、廊和露台——如果在屋顶花园设计中有这些构筑物，那么必须把它们固定在屋顶板或其他构件上，尤其是当它们有植物覆盖时更应如此。

第九节　屋顶绿化与招鸟工程

一、鸟类与人类的关系

经过漫长的自然选择，鸟类获得了可以在天空中自由翱翔的翅膀，成为“大自然的精灵”。很早以前，人类就已开始把鸟类作为自己的祖先而加以崇拜。而人类在100多年前，最终实现了飞上蓝天的梦想，也正是缘于这一崇拜的完美结果。可见人类从诞生之日起，就与鸟类结下了不解之缘。

但随着人类社会的发展，至今人口已增长到60亿，生活领地更是不断扩张到地球的各个角落，由于过度开发、环境污染、乱捕滥杀等原因，已经开始威胁到鸟类及其他动植物的生存。统计资料显示，世界上已知的鸟类约有1万种，而目前每8种中就有1种面临灭绝的危险，更有近180种已濒于灭绝。人类因过多追逐眼前的经济利益而对自然进行过度开发，造成对城乡自然环境的破坏，并给依此环境而生存的鸟类带来了灭顶之灾。前些年，所发生的爱尔兰上空成千上万的鸟类莫名其妙地死亡、英国东海面漂浮着几万只鸟尸的奇怪现象，可以说与生态环境恶化不无关系。乱捕滥杀也是这些城市鸟类减少的一个重要原因。据国际鸟类协会的统计，全世界每年被捕获的鸟多达3亿只，许多珍贵的鸟类因此惨遭厄运。

“原来到处可以听到鸟儿美妙的歌声，而现在却异常寂寞。”这就是美国的生物学家R·卡逊在《寂寞的春天》一书中为我们描述的灾难性后果。当生活在城市中的人们把听一两声鸟鸣当作奢侈的享受时。当城市中作为鸟类最后的栖息地的公园、花园里也难觅鸟雀行踪时，这将是一种多么可怕的景象。面对自然的警告，鸟类的哀鸣，幸运的是现在已有越来越多的人开始认识到这样的真理，即人类属于地球，但地球不仅属于人类，因为在地球上除人类之外，还生活着包括鸟类在内的许多动物和植物。人类只有和鸟类及其他动植物共享地球环境，才能建立人鸟和谐的世界，才能逐步解决人类今天所面临的诸多地球环境问题。在此认识的基础上，爱护鸟类已逐渐成为全人类社会的共识。爱鸟护鸟也与人的素质和社会的文明程度紧密相关，人鸟关系和谐与否甚至已经成为检验一个国家、一个民族文明程度的标尺。

二、我国鸟类保护的现状

我国是世界上鸟类物种最为丰富的国家之一，有1300种之多，其中特有鸟类有70多种。但鸟类也同样地面临着生存威胁。有鉴于此，我国于1989年颁布并实施了野生动物保护法。为了配合该法律的实施，各地都先后出台了实施办法。以北京市为例，早在1989年，就率先启动了城市招鸟工程。市林业、园林部门成立了十几个爱鸟护鸟工作站。在1997年6月，对《北京市实施〈中华人民共和国野生动物保护法〉办法》进行了重新修订。近些年，随着全民植树造林活动的开展，全社会文明程度的提高，人们的爱鸟护鸟、维护生态平衡的意识已大为提高。

为了全面改善鸟类生存环境，还采取了多种方法和措施。例如加强“三废”治理的力度，使许多河道、水库的水质有了明显改善，如官厅水库、密云水库、城区护城河、京密引水渠以及通惠河、昆明湖、八一湖等河湖水域等，为水鸟的栖息创造了条件。另外，20世纪90年代以后，在农业生产中采用生物制剂替代曾用的化学农药，不仅减少了环境污染，达到了灭虫目的，而且减轻了对鸟类的伤害。

随着生态环境质量的显著提高，越来越多的过去已销声匿迹的鸟类，逐渐地回归到我们身边。其中包括苍鹭、鸿雁、白眉鸭、环颈雉、石鸡、鹌鹑、岩鸽、戴胜、黄鹂、苇莺、粉眉、大山雀等。甚至被称为“天之骄子”的白天鹅也开始栖息于京城。据市野生动物保护部门的最新统计，目前北京的各种鸟类已达到375种，数量超过1亿只。

除了大力改善生态环境质量，提高人们的保护环境意识之外，根据鸟类的习性，实施科学的可行的招鸟工程也是非常重要的。为鸟类建立人工巢穴，使其有安居繁衍之所，从而达到引鸟护鸟的目的是目前普遍采用的方法。

三、招鸟工程与屋顶绿化

人工鸟巢发展历史可以追溯到19世纪50年代的德国。它最初是科学家根据鸟类的趋巢习性制作而成的用来培养学生探索自然、保护鸟类兴趣的简单构造。20世纪50年代以后，人工鸟巢技术在欧美等国家获得了广泛的普及和应用，并在日本实现了大批量的规模化生产。新中国成立后，该技术从前苏联传入到我国，并先后在东北、华北等林区和果园中推广实施。招鸟工程取得了一定的效果。1989年，北京市分别在香山、颐和园、圆明园3个市区公园悬挂了人工鸟巢。继北京之后，哈尔滨、南京、杭州、昆明等全国许多城市也都采用了人工鸟巢技术。北京市至今已悬挂人工鸟巢共6.6万个，鸟巢的入住率达到60%。利用鸟类灭虫，不仅降低了用药成本，减少了对生态环境的污染，而且对建设当地人与自然和谐共处的生态环境起到了积极的促进作用。

采用人工鸟巢技术,实施城市招鸟工程,不仅使我们获得了经济效益和环境效益,而且在城市园林建设中作为改善园林景观质量,增加审美趣味的一种手段,其意义也是十分巨大的。以前由于城市的迅猛发展，大量的办公楼、厂房、住宅楼等占据了城市的绿色空间,致使鸟类因此丧失了栖息停留之所,而被迫逃往它处。今天为了把鸟类重新引回城市，虽然不可能将现有的建筑大量拆除，但可以利用屋顶绿化技术,将建筑的屋顶改建成花园和庭院,为鸟类重新创造一个新的家园。屋顶花园作为实施城市招鸟工程的平台，比在地上进行有不可比拟的优势，是鸟类生存的最佳地方。首先,远离地面的屋顶花园,为鸟类的生存繁衍提供安全、安静的人工环境，可以使鸟类避免废气、噪声的伤害以及人为的干扰。其次，利用鸟类在生物链中的重要作用，与植物、昆虫等自然要素一起，在屋顶上的人工绿化环境中，建立新的生态系统。其三，鸟类的跃动和鸣叫，加强了景观的视觉、听觉效果，为单一的绿化环境增添了生机和趣味。因此可以看出，在实施城市招鸟引鸟工程时，除了在地面上建立适合鸟类生存的小环境外，屋顶花园的再开发利用也是极具发展潜力的。

为了将鸟类吸引到屋顶花园中来,必须从生存小环境、食物、栖息地等几方面入手，采取多种设计措施。其中利用鸟类的生活习性悬挂人工鸟巢以及种植鸟类喜爱的园林植物是最基本的设计对策。

四、人工鸟巢的制作要点

1.人工鸟巢的种类

人工鸟巢的种类很多，根据材料不同，可分为木制、竹制、陶制、水泥制、塑料制，还可以利用葫芦的形状加以改造，或用植物枝条编制等。从制作形状看有立式长方形、卧式长方形、正方形、圆柱形、椭圆形、壶形、三角形、菱形等多种式样（图2-9-1）。

图2-9-1 各式各样的人工鸟巢

2.人工鸟巢的制作

在进行人工鸟巢的设计和制作时，坚固耐用、制造简单和取材方便等因素是必须要考虑的。而且用不同材料制成的鸟巢，适合不同的鸟类居住。一般常用的有3种，即木制巢箱、陶制鸟巢、油毡纸巢箱（表2-8-1）。

（1）木制巢箱

木制巢箱是用木板制成的长方形箱子，它是最常用的一种人工鸟巢，招引的效果也比较好。材料应选择厚度为1.5～2.0cm的木板，既坚固耐用，又有一定的保温隔热性能。木材最好选择不易翘裂的松木。巢箱的顶盖应有一定斜度，并向前伸出2～3cm，为巢口遮阳避雨。顶盖最好做成可活动的，以利于巢箱的检查和清扫。巢箱的外面可刨光，便于涂漆，以防水防裂，而巢箱的里面可打毛成粗面，利于幼鸟外出时向上飞爬（图2-9-2）。

因所招鸟的种类不同，巢箱的尺寸也不同。如果招引小型鸟类，如山雀、北红

人工巢箱规格及招引种类 **表2-8-1**

名称	内部尺寸（cm）	出入口径（cm）	招引种类
寒鸦式	35 × 16 × 16	7.0～7.5	三宝鸟、大山雀
椋鸟式	28～35 × 15 × 16	4.7～6.0	北椋鸟、大山雀
山雀式	24 × 12 × 12	4.5～5.0	大山雀、红角枭
小山雀式	22 × 10 × 10	3.2	沼泽山雀、褐头山雀
大型树洞巢	40 × 14	7.0	戴胜
小型树洞巢	24 × 12	3.5～4.0	大山雀、蚁裂
空心木段	50～60 × 17～21		斑啄木鸟

图 2-9-2　最常用的木制巢箱

尾鸲和白眉鹟等，其巢箱的底部尺寸可以按 11cm × 11cm 制作；如果招引椋鸟等，可用底部尺寸为 12cm × 12cm 以上的巢箱；若招引更大一些的鸟类，如红角鸮、红隼等，其巢箱的底部尺寸不能小于 20cm × 20cm，洞口的直径也要在 5cm 以上。在巢箱外表涂上与环境相适应的绿色、褐色或者黑色的油漆，可以延长巢箱的使用寿命。木制巢箱的使用寿命一般为 3 年，长的可以达到 7 年以上。

（2）陶制鸟巢

陶制鸟巢的优点为取材容易、成本低、使用寿命长、结构形状的灵活性大，而且招引效果也较好。可以根据需要烧制成圆柱形、壶形或者箱形等多种形状和规格，便于招引不同的鸟类。

（3）油毡纸巢箱

油毡纸巢箱因其成本低廉、简便易行，而在我国南方普遍使用。其缺点是寿命较短和保温隔热较差，因此不适合北方地区。

五、人工鸟巢的安装要点

（1）选择适宜的悬挂地点

鸟类生性灵巧机敏，对居住和繁殖环境的要求是相当高的，对环境污染的反应远比人类敏感。因此人工鸟巢要选择在相对安静、人为干扰小、遮蔽好的地方悬挂。如围墙的角落、一片树丛的中心、水池的中央、高大的乔木上面等。如果能靠近水源、则更能便于鸟类取食（图 2-9-3）。

（2）把握最佳的悬挂时期

由于鸟类具有在冬季和入春前后开始选择巢穴的习性，所以入冬以前的 11 月上旬到 12 月上旬之间是悬挂人工鸟巢的最佳时期。因为有些鸟类在冬季要找避风的地方过夜，有可能利用人工鸟巢作为筑巢地点；而在入春时节则最迟不能超过 3 月份，应在大批夏候鸟到来之前，这样可以招引更多种类的鸟类。

（3）注意正确的悬挂方法

应该充分考虑屋顶花园的面积的大小和巢区食物资源的多少等因素，在人工鸟巢的布点时，要避免巢群分布过密。同时还应考虑鸟类的繁殖习性，鸟类因各自有一定巢区范围，不允许其他鸟在其附近筑巢。如果巢箱之间的距离过近，则会影响招引的效果。巢箱的安装位置以背风向阳的、有适当高度和阴蔽的大树主干或主枝上为佳。例如，山雀巢箱挂在距地面高度为4～5m处较好，在人活动较多的地方应挂得更高，以7m以上为佳。在挂箱巢时，要保持巢箱平稳牢固，既不要前俯后仰、又不要左右倾斜，否则会造成雨水灌入巢箱内部，或影响幼鸟、成鸟出飞。

图2-9-3　高大乔木很适合悬挂人工鸟巢

（4）实施定期的管理养护

由于鸟类不会长期居住在一个巢穴内，所以养护人员应定期地对巢箱进行检查，清理鸟类住过的旧巢中的残留物，去除污垢并消毒，对变形、破损的巢箱要及时维修和更换，以提高鸟巢的使用率。每年的4-6月是鸟类求偶比较集中的时期，这时可以开启巢箱所带的模拟信号器，模拟鸟儿之间传递的求偶信息，以吸引鸟类入巢落户。

六、园林植物的选择

（1）鸟类喜食的园林植物

作为一种野生动物的鸟类，只有在具备食物提供、活动空间和隐蔽场所等条件的环境中才能生存，而有一定的生物学特性和果实的植物，又是以上这些条件得以实现的基本保证。园林植物的种类虽然较多，但只有一部分适合鸟类食用，那些具有核果、浆果、梨果及球果等肉质果的园林植物才是鸟类喜欢取食的对象。研究发现，植食类、杂食类的鸟类大量取食的园林植物有以下三类：

①乔木类：圆柏、龙柏、紫杉、红松、云杉、朴树、桑树、樱桃、女贞、野柿、鼠李、香樟、拐枣、盐肤木、枸骨、苦楝、圆叶乌桕、钱氏冬青、无花果、黄

连木等。

②灌木类：小檗、酸枣、火棘、卫矛、荚蒾、九里香、野花椒等。

③藤本植物：爬山虎、野蔷薇、忍冬、山葡萄等。

（2）园林植物的配植

实施屋顶绿化，进行园林植物的配植时，既要考虑优美的景观效果，又要注意给鸟类的栖息提供生存环境。根据鸟类的生活习性，在植物配植中，应采用乔灌草搭配的模式，在难以种植大乔木的屋顶上，也要采取灌草搭配的模式。即在不影响景观的条件下，既要多种植鸟类喜食的乔灌木，为鸟类提供丰富的食物，又要选择适应性强的草种，为鸟类提供活动空间和隐蔽场所。只有这种乔灌草相结合的理想模式，才能模拟出更加接近自然状况的立体绿化，才能留住更多数量、更多种类的鸟类。

第十节　从实例中学习

一、国外篇

1. 美国凯泽中心屋顶花园

被称为现代屋顶花园发展史上里程碑的凯泽中心屋顶花园，位于1959年建成的美国加利福尼亚州奥克兰市凯泽（Kaiser）中心的4层高停车场的屋顶上，面积达1.2hm²。该花园以土山和水池为主，并植有大量的花草树木。水池因采用了深色的“河底”，使水池看上去比实际要深，点状喷泉的配置为水池增添了动感。为了平衡屋顶的荷载，设计者将花园中6～7m高的大树种植在填有特制轻质土的木盒里，不规则地布置在建筑支柱的位置上，与四周的土连成一体，形成丘陵状的绿色山体。这种以架空轻质土造成山形的做法，使花园看起来更加自然美观（图2-10-1）。

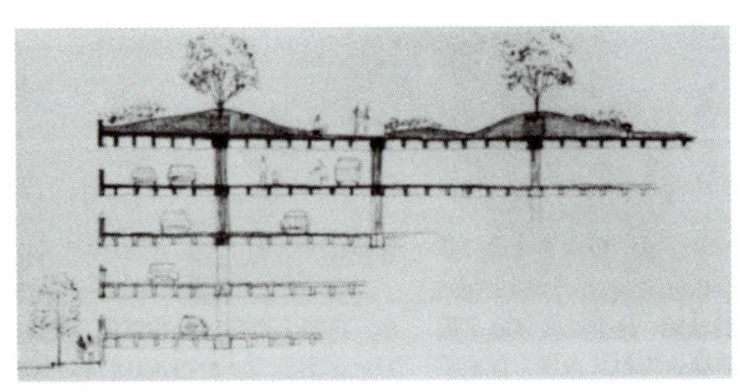

图2-10-1　凯泽中心屋顶绿化示意图

凯泽中心屋顶花园改进了以往的多项技术和做法，如为了减轻屋顶的承重荷载，采用轻制混凝土来建造园内的构筑物。通过尽量减小种植土层的厚度，将草皮、乔木的植土厚度分别设定为16cm和76cm，再选用适于屋顶上生长的植被和须根系乔灌木，不仅最大限度地减轻了种植土的重量，而且使在屋顶上种植高大树木的想法成为可能。土壤下预埋的自动排灌系统的使用，也为花园的养护提供了便利，使花木长势繁茂。为了防止种植土随水流失及阻塞排水通道，在种植土层与排水层之间铺设了5cm厚的稻草层作为过滤层。这种做法在无纺布材料发明之前，无论在实用性、可行性方面，还是在经济性、再生性方面的意义都是相当巨大的。凯泽中心屋顶花园在屋顶绿化技术方面至今仍然具有参考价值。

2.加拿大罗伯逊广场与行政中心综合体大楼屋顶绿化

位于加拿大温哥华市的罗伯逊广场与行政中心综合体大楼，是跨越了市中心的3个街区的，由法院、地方事务所、办公楼和广场等组成的综合性设施。由于设施规模庞大，对于建筑的巨型屋顶的处理成为设计的关键。设计者非常大胆而巧妙地将屋顶设计成一座公园，屋顶的一端是带有玻璃屋顶的法院大楼，它成为屋顶庭院的主体建筑。屋顶上还建有一座巨大的水池，循环水不断从水池里流出，经过屋顶层，落到道路层上，然后再进入下沉广场层，形成3层阶梯式瀑布，将屋顶、道路、下沉广场联系起来。为了解决高大乔木的种植荷载问题，采用了将混凝土土钵埋入建筑的做法，这样既保持了一定的土层厚度，满足高大乔木的生长需要，又可以将土钵下部空间作为储藏室、机械室来使用，满足了建筑、结构上的合理要求。水体、绿化和台阶的大量利用，使广场、街道和建筑屋顶浑然一体，为步行者提供了随意往返的水平空间和自由上下的垂直空间，成为散步、休闲的好去处（图2-10-2，图2-10-3）。

图2-10-2　屋顶绿化与建筑空间相映成趣

图2-10-3　屋顶花园采用的植物品种各异

3.瑞士再保险公司大厦屋顶庭园

瑞士再保险公司大厦屋顶庭园于1960年建于瑞士苏黎世市。由于建筑临湖而建，考虑到湖岸边植物景观的连续性，决定在建筑中引入台阶式屋顶庭园。庭园设计具有德国风格，以直线与曲线相结合的方式分割空间，植物以灌木、地被植物为主。以全地下式自动浇水设备来实现植物灌溉（图2-10-4，图2-10-5）。

图2-10-4　保险公司建筑剖面图

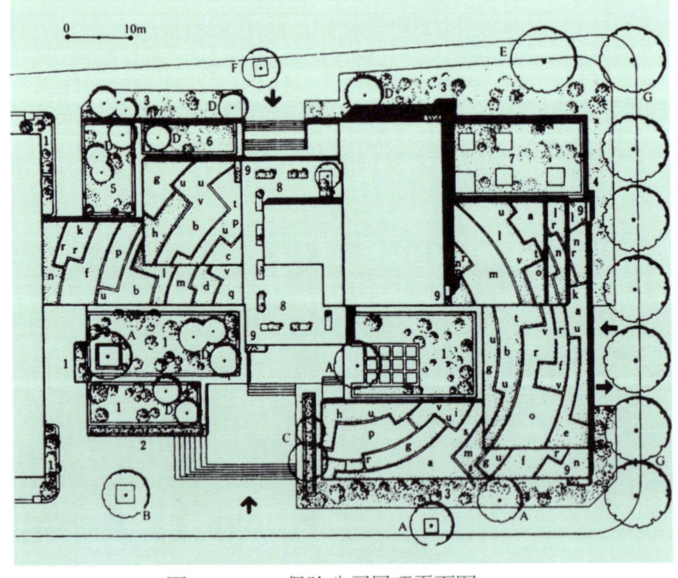

图2-10-5　保险公司屋顶平面图

4.日本别子铜山纪念馆屋顶绿化

在屋顶绿化还不像现在这样贴近生活、技术也不完善的20世纪80年代，别子铜山纪念馆的这种绿化方法在当时来说是相当具有挑战性的项目。

为了确保自然土壤的厚度能够达到灌木生长的需求，确保植栽土壤不流失，把植物分成几部分栽植，并在其间设置维护时使用的通道。种植材料虽然只使用了杜鹃科的灌木，但通过密植的灌木形成了均质的绿色平面，营造出与周围的绿色山脉自然衔接的景观，同时又形成了两种绿色的对比，把建筑巧妙地融会到自然景观中。现在工程竣工已20多年，长大的杜鹃打破了原有的形状，绿色平面略呈波浪状，但仍可以说是没有进行大规模改造的，很好地保持了竣工当时景观的屋顶绿化（图2-10-6，图2-10-7）。

图2-10-6　别子铜山纪念馆屋顶绿化剖面图

图2-10-7　别子铜山纪念馆屋顶绿化外景

5.日本三井住友海上大厦屋顶庭园

这座竣工于20世纪80年代前半期的屋顶庭园设置在大厦裙楼的屋顶上。用丰富的绿色巧妙地把大楼与周围杂乱的城市景观空间分隔开来。由于当时还没有人工轻质土，因此采用1.5m厚的自然土壤栽植高树，并利用洒水设备保持土壤的湿度，确保绿色植被的生长。

由于绿地面积大，所以把重点放在排水设计上。通过轻量主体材料的表面排水，以及把U字形排水沟翻过来设置形成暗渠作为排水线排水，实施点和面的组合排水，确保排水机能的充分发挥。

从竣工到现在已过了近20年的时间，由于土壤的板结和植物生长造成的根系生长空间的缺少，树木已停止了生长，2003年实施了以更换土壤为主的全面改造（图2-10-8，图2-10-9）。

图2-10-8　三井住友海上大厦屋顶庭园是早期实施的屋顶绿化典型

图2-10-9　三井住友海上大厦屋顶庭园局部

6.日本ACROS福冈屋顶庭园

日本ACROS福冈于1995年建于福冈市，是由写字间、音乐厅、会议厅、商业设施等组成的一幢综合性建筑。阶梯式花园的设计成为该建筑的亮点。14层的大厦南侧被设计成阶梯状平台，台上铺设人工轻质土壤，种植了约35000棵植物。该屋顶花园开创了大规模使用人工轻质土壤的先河，并进行了把一种植物不是固定地种植在一处，而是随意栽种的尝试。竣工之初，虽然获得了“实现了前所未有的大规模屋顶绿化”的好评，但同时也受到诸如“混凝土的墙壁明显，好像金字塔”、“草木种植混乱不堪，看起来不舒服”等批评。随着时间的推移，树木增高了，小型栽培容器里的下垂性植物也把混凝土墙面覆盖起来，现在已真正成为现代版的“空中花园”。ACROS福冈使用的是利用绿色植物覆盖整个屋顶的绿化方法，这对于屋顶绿化还不普及、技术还不完善的当时来讲，是相当具有挑战性的（图2-10-10～图2-10-13）。

图2-10-10　建筑的阶梯形外观之一

图2-10-11　建筑的阶梯形外观之二

图 2-10-12　建筑中庭与室外庭园的关系

图 2-10-13　从室内观赏到的屋顶花园

7.日本大田区立池上会馆屋顶绿化

建于1996年的大田区立池上会馆建在位于东京都大田区的池上本门寺内的一处面向街道的斜坡上，山坡地后面就是日本国家重要保护建筑五重塔。设计者将建筑设计成“路”，把坡上的本门寺和坡下的街道连接起来，来访者可以从坡上、坡下两个不同的水平面进出会馆。建筑的屋顶花园与电梯间顶部的瞭望台均对外开放，使会馆建筑成为人们自由进出的公共场所。作为表现“路”的概念的要素之一就是屋顶庭园，它不仅是使用者出入、停留的交通平台，而且也是周围居民散步、休息的观景平台。屋顶庭园上种植了30余种植物，与原有绿阴覆盖的斜坡融为一体。

在屋顶绿化方面采取了多种技术措施，如为了防止绿化施工中或施工后对屋顶防水层的破坏，采用了建筑与种植基底完全隔开的方式，即在屋顶沥青防水层上铺混凝土保护层，其上再作排水垫，人工轻质土、饰面材等。从土壤中渗出的多余的雨水和自动灌水设备的供给水，沿着混凝土保护层的单向横坡，流过排水垫的下部，最后全部汇集到建筑物内侧的排水沟里。为了减轻对建筑的圆形部分下部的大报告厅的荷载压力，采用了人工轻质土和专门的金属支架，不仅使种植树冠近5m的大树成为可能，而且还发挥了圆形部分受力强的特点，考虑到建成后维修养护用车辆的出入，还对整个屋面板进行了强化处理。

为了尽量减少对山坡的破坏，以木板、木柱制成的挡土墙，采用斜坡式绿化方式。为了收集斜坡上的余水，分层设置了排水设备，并使其与公共道路的排水系统相连。斜坡下部种植耐湿植物，中部到上部的植物为了与建筑的玻璃幕墙相呼应，配植了颜色鲜艳、富于野趣的草花和有红色叶子的落叶树（图 2-10-14～图 2-10-16）。

图 2-10-14　屋顶庭园中的休息广场

图 2-10-15　屋顶庭园中的廊架

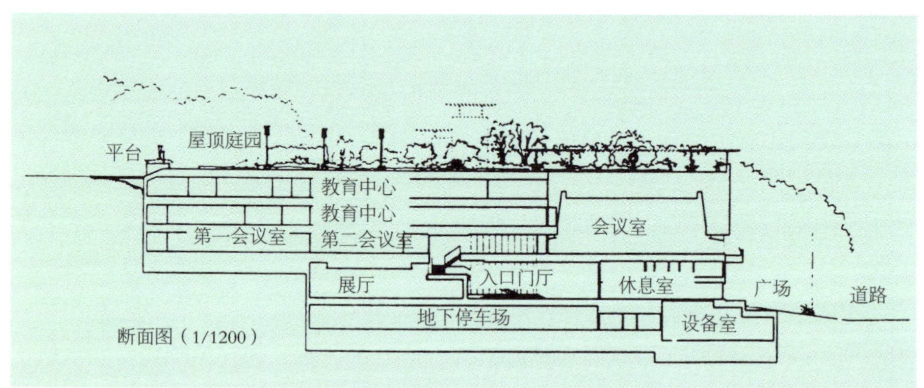

图 2-10-16　池上会馆屋顶绿化剖面图

8.日本爱兰岛特里顿广场屋顶绿化

爱兰岛特里顿广场位于日本东京的晴海地区，占地总面积约为10hm²。为了创建包括商务、休闲和居住在内的新的城市空间，对这块已建成的住宅小区为中心的用地实施了再开发。

在景观设计上，通过把高层、中层和低层的建筑物这些被分化的空间有机地连接在一起，创建具有回游性的外部空间，营造了既变化丰富，又热闹非凡的空间氛围。

其中，以低层建筑作为主要商业设施，整建的那部分景观，通过在屋顶部分的人造地形上栽植品种各异的绿色植物，让其与运河沿岸的樱花林荫散步道或其他地上部分的屋外空间保持连续性，创建令人们感觉不出是在屋顶的、具有丰富绿意的回游空间（图2-10-17，图2-10-18）。

图2-10-17　广场二层的屋顶花园

图2-10-18　二层屋顶花园全景

植栽规划：以花为主题的植栽设计成为景观设计的中心。在栽植时，积极使用至今从未使用过的新树种，并尽量实现品种的多样化，以此提升绿化的主题，在提高绿色设施吸引游人的同时，通过向来访者提供绿色景观和信息，从设计阶段开始就定准目标，建造“成为一般人绿化启蒙活动一环”的屋外空间。

维护规划：在设计阶段最重视的是植栽的维护规划。以花为主题的植栽设计在维护上常常会陷入“费事”和“费用高”的双重窘境。为在设计阶段解决这个问题，决定选用可随意生长的地被植栽以减少修剪次数，并缩减花卉类植物的换植面积，代之以各种有彩色叶片的地被植物，这样就能大幅度地削减维护成本。另外设置常驻的管理人员，确立具有管理意识的维护规划，并通过管理人员的解说和引导提高和普及人们对绿化的理解，创建充满诗情画意的绿色空间。

9.日本东京交通会馆大楼

位于日本东京JR有乐町站前的东京交通会馆大楼是1966年竣工的商业大楼，其大楼低层部分的三层屋顶花园是让人们远离城市喧嚣、静心享受花香草绿的小小绿洲空间。屋顶花园的设计宗旨是在屋顶荷载承受（200kg/m²）范围内，使人们能饶有兴趣地欣赏富有变化的多种植物，因此在庭园内设置了以“色彩、果实、芬芳和韵味”为主题的花坛，并按照各自的主题栽植了符合主题的各种花草。

同时所有的花坛都以8：2的比例栽植了宿根草本植物和一年生草本植物，宿根草本植物采用生长高度和开花期不同的种类，一年生草本植物通过进行一年4次左右的换植，使人们在一年之中都能欣赏到五彩缤纷的花草，在庭园中还设置了分别由石板和木板构成的2种不同意境的露台，坐在露台上可以一边喝茶一边享受飘溢在城市空间中的清爽的花草香，另外把小鸟休息台和结果实的草本植物设置在露台近处，观赏者可经常看到昆虫和小鸟的身姿，让疲惫的身心得以放松（图2-10-19～图2-10-24）。

在庭园的外围部分设置了爬墙虎等蔓性植物缠绕的方形尖顶立柱(四棱锥形的造型物)。在让栽植产生立体感的同时，还可以让人们不仅从庭园中，而且从周边大楼中都能欣赏到绿色。

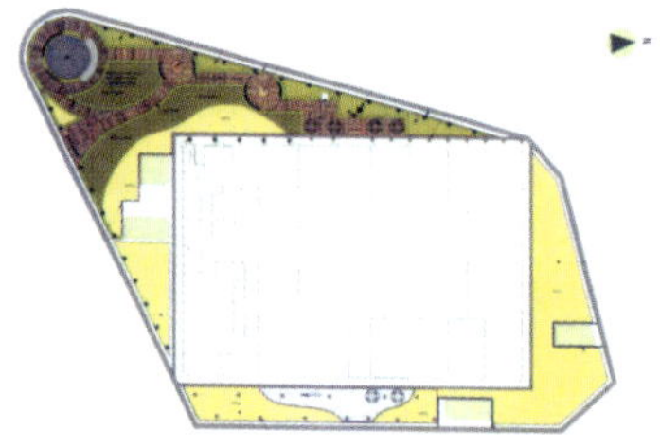

图2-10-19　三层屋顶绿化平面图

图2-10-21　三层屋顶施工后绿化状况

图2-10-20　三层屋顶施工前绿化状况

图2-10-23　十三层施工前的屋顶状况

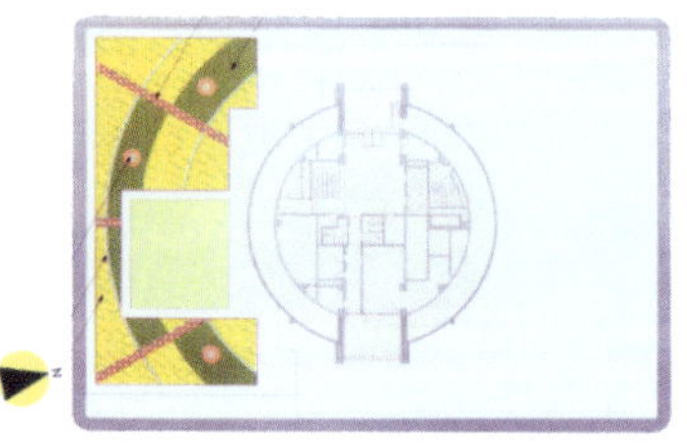

图2-10-22　十三层屋顶绿化平面图

图2-10-24　十三层施工后的屋顶状况

10.日本大限花园礼堂屋顶绿化

日本早稻田大学校园内1990年建造的学生礼堂——早稻田大学大限花园礼堂屋顶绿化采用了该大学实验区所开发的屋顶绿化施工技术，是具有极强的植物适应能力的“水凝胶绿化施工方法”，这种方法以超薄层草坪绿化为主，能最大限度地发挥保水能力，同时可以降低前期投资和资金周转，目前正在受到社会的广泛关注。

扇形建筑物外围部分的2、3层通风道比周边屋顶高出一部分，在那部分上设置225m²的绿化带，栽植匍匐茎针叶树的杜松和矮桧2种，这类匍匐在地面生长的植物易于进行修剪管理。

含有保水剂的蓝天凝胶混合土壤——其保水性能比一般土壤约高3～5倍，迄今为止的实验数据证明，如果土壤厚度达到12cm以上，只靠雨水就完全可以维持生长，在竣工之后的约1年半的时间里，还没有进行过一次浇水作业，但绿化带生长状况依然良好，一年的维护管理只需要铲几次杂草，大体上达到了当初设定的最大限度地降低周转资金这一目标（图2-10-25）。

①施工前状况

②防水修补施工完后

③土壤配置状况

④栽植状况

⑤施工后1个月状况之一

⑥施工后1个月状况之二

图2-10-25 大隈花园礼堂屋顶绿化施工前后状况

11.英国伦敦卡农街屋顶花园

在英国伦敦的维多利亚火车站屋顶上，有一座面积达4000多平方米的屋顶花园，这就是卡农街屋顶花园。由于维多利亚火车站位于城市中具有象征意义的重要地段，其著名的双塔近处可以俯瞰泰晤士河，远处与河对面的圣保罗大教堂遥遥相望。由于卡农街屋顶花园所处的特殊的地理位置以及所具有的独特的城市景观，使其成为伦敦又一个著名的观光景点。

该屋顶花园的平面采用了对称式的布局以及严整的几何构图。位于构图中轴线上的采光用玻璃拱廊与双塔相互配合，更强化了中轴对称的视觉效果。植物的种植方式，既强化屋顶布局，也和其相邻的阿特里姆大楼的形状相呼应（图2-10-26）。

由于在体量上要服从于附近的圣保罗大教堂的尺度，因此维多利亚火车站围墙内的构筑物不能超过两层楼高，屋顶花园所植植物的高度也要在1.2m以下。屋顶选用沥青作为防水材料。为了尽可能地减小屋顶的结构荷载，因而将种植土层的厚度减到最少，在土壤厚度小于20cm的地方种植草坪，而土层厚度介于30～35cm的地方种植灌木和草本植物。灌木选择具有极强抗风性的山毛榉和杉木篱笆，屋顶花园碧绿的草地上种着玫瑰、山梅花、薰衣草、石竹以及琴柱草等植物，这些植物不仅色彩艳丽而且散发着阵阵清香。为了使屋顶花园在冬天也有些色彩，屋顶还种植了低矮的月桂树篱以及忍冬、常春藤以及枸子属的常绿灌木。

为了方便日后的维护和管理，设计者在屋顶花园中安装了自动灌溉系统，并将屋顶处理成一个缓坡，以排除多余的水。

图2-10-26　英国卡农街的屋顶花园

12.日本东京莆田站附近某私人住宅屋顶庭园

这是一处建于东京莆田车站附近的私人住宅上的屋顶庭园，因此规模相对较小。修建前的屋顶上主要有各式电缆线和两台空调室外机。进行屋顶绿化首先要解决好光照问题。虽然在屋顶的南侧和西侧，因临近住宅遮挡了部分阳光，但总体上日照条件良好。由于屋顶面积狭小，所以设计师采用了将植物种植在周边，木制平台布置在中间的做法。施工过程中，首先对原屋顶的防水层进行仔细检查，然后清理干净屋面，铺设新的涂膜防水。选用废旧枕木制作树池池壁，既可以废物利用，又可以减轻屋顶荷载。为了保持屋顶的整洁美观，用木制隔栅将空调机隐藏起来。再铺设隔根层、排水层、过滤层、人工轻质土壤等，建造起植物所需的生长环境，植物的选择以低矮的灌木为主。除了绿化空间外，人的活动空间也是不可少的。在花园的中部配以木制平台，最终营造出舒适宜人的休息、交流的私人空间（图 2-10-27 ~ 图 2-10-31）。

图 2-10-27　施工前状况

图 2-10-28　施工后状况

在原屋顶基础上做防水层

②防水层上的防根层细部

③在防根层上铺设砂石和种植土

④确定混凝土花池、花钵和铺装的位置

⑤木制花钵细部

⑥用红砖围合种植池

⑦用红砖围合休息场地

⑧园路中汀步和木栈道的施工状况

⑨施工完毕后局部状况

⑩铺设草坪后的状况

图 2-10-29　屋顶庭院施工流程

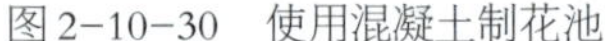
图 2-10-30　使用混凝土制花池

图 2-10-31　局部使用木质花钵

13. 日本东京六本木楼群中央屋顶庭园

该屋顶庭园位于日本东京六本木建筑楼群的中央核心部位，屋顶庭园距地高度为 45m，面积达 1300m²。六本木是东京的繁华地区之一，商业设施集中，地价昂贵，建筑密度很高，绿地奇缺。所以利用建筑的屋顶进行绿化也就成了改善地区环境质量的对策之一。生活在大都市里的人们已越来越远离自然环境，甚至孩子们已不再知道城市赖以生存的乡村为何物。设计者正是基于对这一问题的思考，将乡村的稻田景观引入到屋顶庭院中，想通过水田、菜园、樱花小路、鱼池等在乡村中常见的景观，并以周边围合的四季花卉和树木，形成以“四季庭园”为主题的屋顶花园，让人们得以在以往的乡村风景中得到愉悦和享受，孩子们更是在一年一次的耕种和收获的活动中，体验到共同劳作的快乐，懂得了更多的生活哲理。

虽然该屋顶庭园的结构荷载达到了 3650t，但由于采用了先进的制振构造，所以屋顶的整体抗震性十分良好。同时，优良的防水施工技术也是将巨大的水田搬上屋顶做法的保证。由于该屋顶庭园身处大城市的中心地区，也真正实现了缓解城市热岛效应、降低夏季空调负荷、改善城市环境的目标（图2-10-32～图 2-10-35）。

图 2-10-32　5 月初，周边地区的孩子们一同体验种田插秧的乐趣

图 2-10-33　盛夏之际，清凉的早晨，蔬菜和水稻生长势头良好

图 2-10-34　暑期的最后一天，举行了稻田收割活动，孩子们从中体会到丰收的喜悦

图 2-10-35　圣诞之际，屋顶庭园上的“冬之道”却显得格外宁静

二、国内篇

1.科技部节能示范楼屋顶花园

在科技部节能示范楼的 8 层屋顶上，设有一处绿化面积为 770m² 的屋顶花园（图2-10-36）。该屋顶花园与示范楼建筑同步建成，屋顶的设计荷载为200kg/m²。构造层的厚度为 45～80cm，由屋面防水层、保温层、保护层、隔根层、排水层、过滤层、种植基质层等组成。

在屋顶花园绿化工程中，种植基质采用新型人工种植基质——超轻量绿化用无

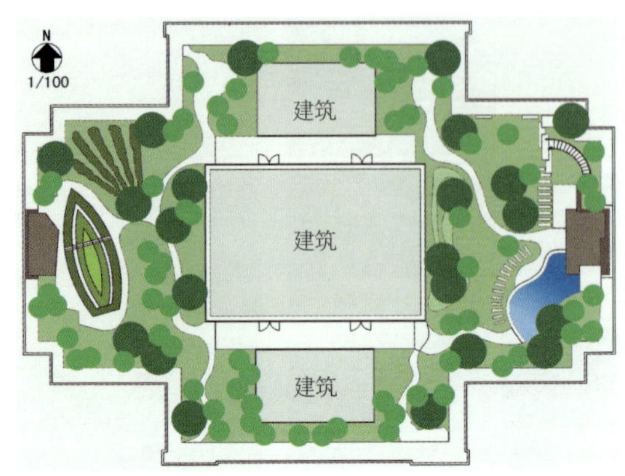

图2-10-36　节能示范楼屋顶绿化平面图

机介质，其饱和水时的密度为450kg/m³，该种植基质由表面覆盖层、植物育成层、排水保水层3部分组成，由硅质火山岩和黏土质矿物材料制成。具有适宜植物生长、保水保肥、施工简便、经济环保等特点。其特有的团粒状、多孔结构更加适宜植物的根系发育，对树木具有良好的固定作用。除了利用该种植基质减小屋顶的结构荷载外，还在设计之初，考虑将荷重较大的花架、水池和山石等园林小品，设置在建筑承重墙、承重柱的上方，以便合理地分配屋顶荷载。

排水系统采用厚度为20mm的抗高冲聚苯乙烯（聚丙烯）制成的PSB—20排蓄水板，其含水时的重量为5kg/m²。该材料凹凸面内有蓄存少量多余水分的空间，具有一定的蓄水能力，可适当调整植物所需水分，满足绿地的排蓄水需要。除此之外，排蓄水板还具有隔根的功能。该材料还自带无纺布过滤层，可以防止人工种植基质随水流失。

在屋顶绿化设计中，还考虑了节水措施，即利用截流回收的雨水作为主要灌溉用水，因此只设置了容量为8t的储水罐，而不设永久性灌溉系统。

植被选用适应浅基质栽植的、生长缓慢的、对建筑防水层影响小的植物，以便于日后的管理和维护。品种包括白皮松、油松、玉兰、紫叶李等小乔木、灌木，还有适应北方气候特点的宿根花卉、地被植物和藤本植物等绿化用植物。该项目采用了具有较高观赏价值的佛甲草、松塔景天、粉八宝等景天科植物，并且大面积地栽植，以取代常用的草坪。景天科植物耐旱时间可长达10个月，即使夏季干旱也无需浇水，长成后几乎不需要管理，经济效益、生态效益都十分突出（图2-10-37～图2-10-40）。

图 2-10-37　西侧鸟瞰

图 2-10-38　西侧局部景观

图 2-10-39　屋顶花园中佛甲草的运用

图 2-10-40　普通屋顶绿化

2.中关村西区楔形园林景观绿地

亚洲最大的屋顶花园——中关村西区楔形园林景观绿地工程是2003年北京市重点工程。中关村西区的高科技企业密集，土地资源寸土寸金。在建筑的屋顶建设大型景观绿地，利用空中空间，增加可视绿量，不失为解决该地区环境问题的良策。

这块平面呈楔形的绿地建在面积为5万 m^2 的屋顶上；并因屋顶高度的不同而形成了台阶式屋项花园。整个屋顶花园以一个近1000m^2的大型音乐灯光喷泉为中心，并利用高差变化而形成跌落式瀑布景观。瀑布分为3层，配置335台水泵、1950个喷嘴，喷泉中的擎天柱高达50m。而且先进的光电设备的采用增加了水景的变化层次，使其成为全园的视觉和趣味中心，也使音乐灯光喷泉成为夏季夜晚纳凉休闲的好去处。

屋顶上的种植土厚度平均为3m，在保留文物建筑和古树的同时，增植大乔

图 2-10-41　远眺中关村西区屋顶花园

图 2-10-42　屋顶花园中的五彩池

图 2-10-43　树下广场为人们提供休息场地

木800多棵，灌木2万株，精品月季1万多株，攀缘植物700株，宿根植物1000株，种植草坪1万m^2。花园中种植了大量适应北京气候的乔木、灌木和地被植物等，其中包括油松、雪松、白皮松、桧柏、法桐、银杏、千头椿、玉兰、樱花等树种。该屋顶花园的建成，不仅改善屋顶眩光，美化城市景观，而且增加绿色空间，提高了环境质量（图 2-10-41～图 2-10-43）。

3．北京林业大学主楼屋顶绿化

北京林业大学主楼的西配楼屋顶花园，是与主楼同步设计施工的，并于1992年投入使用。屋顶花园占据了西配楼屋顶的全部，面积约为750m^2，带有喷泉设备的小型观赏水池是全园的中心，自然式种植池环绕其四周而建，并用独立式花坛点缀其间。为了减轻屋顶的结构荷载，除花坛的种植土层控制在60cm外，其他种植池的土层厚度均为20cm左右。为了满足浅层土壤通气蓄水的要求，选用200mm厚的轻质陶粒层作为种植区的排水层。植物以草坪为主，再配以小叶黄杨、紫叶小檗和剑兰等低矮的小灌木。西配楼屋顶花园的建设目的在于为全校师生员工提供开放的休息空间以及活动交流的场所。但由于在实际使用、日常管理等方面的原因，该屋顶花园并未达到作为公共游憩空间加以利用的目的（图2-10-44～图2-10-46）。

4.北京海淀公园海淀广场屋顶绿化

海淀广场建筑坐落于海淀区海淀公园的北侧，是园内体量最大的建筑。它将广场与北侧的街道隔开，并与其他建筑共同围合成环形的广场空间。海淀广场的布局是以两个交错的椭圆形环状物为中心并加以展开的，两环分别隐喻山和水，被称为山环和水环。

建筑屋顶沿山环而下并同时向广场内倾斜下来，且将倾斜部分处理成面向广场中心的看台。为了使建筑与海淀广场起伏多变的地形相呼应，将屋顶处理成斜坡状，并加以绿化。倾斜的绿化屋面也使该建筑的特点更加鲜明，别具一格。同时，建筑曲面状的屋顶以及屋顶绿化的效果，都减弱了建筑的体量感，使建筑与广场自然地融为一体。两片突起的天窗和一个凹入的天井，与自然倾斜的绿色屋面构成鲜明的对比效

图2-10-44　造型独特的种植池

图2-10-45　适合地方气候的植物

图2-10-46　屋顶花园上的小品

果，使原本看起来灰色、单调的屋面，具有更多的趣味性和观赏性（图2-10-47～图 2-10-50）。

屋顶绿化不仅强化了建筑屋面的保温、隔热功能，还减少了建筑内部的能源损耗。

图 2-10-47　建筑与绿地自然地连接

图 2-10-48　覆土绿化后的屋顶

图 2-10-49　用侧面的玻璃幕墙解决采光问题

图 2-10-50　绿化后草坪的生长状况

第三章　室内空间绿化

第一节　室内绿化空间的分类

绿色与人类的密切关系由来已久,居住空间中点缀绿色的历史可以追溯到古代。类似天井、内院等中庭的形式可以说是从地中海地区发展起来的。今日人们对拥有绿色的渴望是同样的,在近现代建筑中引入绿色植物的方式也是多种多样的。

绿色空间究竟是怎样的空间呢?尽管绿色植物具有装饰环境、解除疲劳的多种功能,但在我们工作、学习、生活的空间中又是通过何种形式来点缀和装饰呢。

在此,我们将室内空间划分为以下3种形式:①一般室内空间;②建筑中庭空间;③温室建筑空间。

一、一般室内空间

即使是通常的室内空间,也有各式各样的类型,其绿化的目的和方法也各不相同,如表3-1-1。

室内绿化空间　　表3-1-1

空间类型 / 建筑类型	门厅	办公空间	会议室	洗手间	居住空间	展示空间	休息室	餐厅
办公室	●	●	●	●			●	●
饭店	●		●	●	●			
商业设施	●			●		●		●
住宅	●			●	●			
工厂	●		●	●			●	●
美术馆、博物馆	●			●		●	●	
公共设施	●	●	●	●		●	●	●

(1)办公楼

一般认为,在写字楼中导入绿色植物和花卉有以下几个目的:①作为企业的形象。利用植物和花卉给人造成亲和的印象。如北京远洋大厦、中国银行大厦、中国工商银行大厦等建筑空间内部都引入了大量的绿色，加强了人们的印象。②消除疲劳、恢复精神。为了确保优秀人才的继续留任，创造健康而富有人性化的工作环境是十分重要的。在近年建设的写字楼休息空间中，普遍都装饰了绿色植物和花卉，尤其是植物和花卉的租用已延伸到日常的办公空间。③刺激感官，发挥创造性。对于从事创造性工作的员工来说，工作环境是其重要因素，环境中的花卉和植物是他们与自然接触的重要手段，季相的变化有助于员工创造性思维的发展。

图 3-1-1　北京远洋大厦内中庭

从以上目的可以了解到，写字楼中需求绿色的空间确实很多，如门厅、办公间、会议室、洗手间、休息间、餐厅等（图 3-1-1）。

（2）宾馆、饭店

图 3-1-2　美国田纳西州奥普里兰德饭店中庭

宾馆、饭店的室内空间从营业者的角度来看是“接待”的空间，而从客人的角度则是可以“轻松、愉悦”的空间，因此室内空间中的植物和花卉应符合其空间的功能，如大厅内的植物应展现宾馆、饭店的形象，而会客空间应创造与家人、友人聚会时轻松、愉快的氛围。

宾馆、饭店除了住宿功能以外，还有举办宴会、会议和会客功能。如果了解了宾馆、饭店的这些功能，就知道需要绿化装饰的空间有大厅、电梯入口空间、楼梯间、卫生间、客房、宴会厅、餐厅等（图 3-1-2，图 3-1-3）。

图 3-1-3　宾馆卫生间的室内绿化

（3）商业设施

现代人的消费行为，已不限于纯粹

的购物，而是重视购物行为本身的愉快，不是因为需要才购买，而是因为高兴而购买，因此可以说，现在的消费已从追求量的时代转向追求质的时代。

在美国、加拿大等西方国家的大型商业中心内，一般都有一些专为吸引顾客的设施，根据季节的变化，通过植物和花卉举办一些促销活动，而这种手法在我国的某些大型商场中也开始得到运用（图 3-1-4）。

图 3-1-4　加拿大多伦多依顿中心步行街

（4）住宅

住宅原本是家庭成员休息和团聚的场所，随着生活水平的提高，近些年来，运用绿色植物和花卉来装扮阳台、庭院，用观叶植物来装饰居室的家庭已经日趋渐多。但在我国总体上只限于集合住宅中的私人空间，而公共空间中还是缺少绿色。但在欧美国家，对私人空间和公共空间都非常重视，所以集合住宅、公寓中公共部分的绿化和美化都是非常充实的（图 3-1-5）。

（5）工厂

如果说起工厂企业中的绿色，人们首先想起的是工厂用地周边的绿化，既通常所说的工厂绿化，一般很难将工厂内部与绿色联系在一起。但工厂作为日常工作劳动的场所，其性质与办公楼是相同的，具有魅力的工作场所才能吸引更多的优秀人才，因此工厂企业也需要更多的室内绿化空间，

图 3-1-5　公寓中的公共空间绿化

如门厅、会议室、卫生间、休息空间、餐厅等。

（6）美术馆、博物馆

美术馆、博物馆中，由于展品对空气的温度、湿度的要求，一般展示空间中最多点缀些花卉，很少配植绿色植物。但尽管如此，在欧美一些国家的美术馆、博物馆中，由于空气较为干燥，展示空间附近还是设置一些室内花坛，通常以天井的形式较多（图3-1-6）。

图3-1-6　美国波士顿加德纳美术馆

（7）公共设施

如市政办公楼、文化中心等公共设施不仅代表地区的形象，也是人们活动交流的场所。在市民意识比较发达的欧美国家，此类设施的共享空间普遍充满着绿色和花香，便于市民的聚集和交流。在我国目前这种做法还不普及，市政办公楼不对外开放，同时文化活动中心的绿化意识还很薄弱，但在公共设施中进行室内空间绿化应是今后的发展方向。

二、建筑中庭空间

建筑中庭原本是指古罗马时代的相邻住宅之间的室外空间。随着时代的变迁，在美国出现了连接室内与室外的中庭空间。这类中庭空间的功能是多样的，不仅具有连接室内外的作用，同时也是市民集会交流的场所，尤其是地处寒冷地区的城市，建筑中庭既可起到防寒作用，同时担当起城市公园和广场的角色，因此广泛地受到市民的欢迎。另外，建筑中庭是自然与人工构筑物的连接空间，也成为人们在无机的高层建筑空间中感受生命存在的新型空间（图3-1-7）。

中庭空间也是各类工程技术的集合空间，如支撑大空间的结构技术，保障舒适环境的空调技术，人工环境中植物生长的植栽技术，以及创造各种聚会场所的空间组织技术等。

现代建筑中庭空间的先驱者，是1967年在美国纽约完成的福特基金总部办公大楼的中庭空间。在该大楼的入口处，用玻璃天棚与周围的玻璃幕墙，围合成了一个以种植花木为主的室内中庭空间（图3-1-8），园内最低处有一方小水池，池中种有水生植物，在池的四周逐渐升起的地面上种植有单株的乔木、成片的灌木和草皮。在阳光照耀下，中庭内树影婆娑、叶绿花红，人们漫步其间，仿佛远离了闹市，沐浴在大自然的美景之中。这类中庭空间主要是为表现“景”，其组景方式有的以花木为主，有的以水石为主，“景”占了园的大部分空间。

随后，中庭在各类建筑中得到了广泛的运用，如办公大楼、宾馆饭店、大型商业设施以及美术馆、博物馆等。商业设施中庭内的大型观叶植物在烘托出室内商业街气氛的同时，在感觉上连接成一个似隔非隔、隔而不断的“虚面”，将大厅分

图3-1-7　建筑内部交通空间的绿化效果

图3-1-8　美国纽约福特基金总部办公大楼中庭

隔成开敞、通透的几部分空间，而植物本身又在厅的中央部分，闹中取静限定了一块“绿荫”下的休息场地。因此中庭的绿化可以在具有复合空间性质的商业设施中呈现出具有高层次审美情趣的空间韵味。

三、温室建筑空间

温室建筑空间主要指以植物和植物生长环境构成的场所空间。温室建筑空间原本只指植物园中的温室，但现在可以更为广义地理解。根据用途的不同，可以分为3种类型。一类是植物园中观赏用的温室，以英国邱园为最早（图3–1–9），在我国以北京植物园中的温室为代表，此类设施在进行植物启蒙、教育、展示的同时兼顾植物分类学方面的科学研究，各方面的技术设备都十分完善；另一类是与其他设施并存的温室，如一些大型商业设施原本没有专用的植物生长设施，通过此类温室的增加从而创造出该设施利用的新价值；第三类是用来观赏动物和昆虫的温室。近年来在美国和日本，此类温室的比重有所增加，如东京多摩动物园中的昆虫生态园，它将昆虫的生活状况及环境状况原原本本地展现在游人面前（图3–1–10）。

图3–1–9　英国邱园的热带展览温室

图 3-1-10　日本东京多摩动物园的昆虫生态园

第二节　室内绿化的作用

一、装饰美化功能

在室内的绿化组织中，通常运用借景、模拟、象征、引喻等手法，创造出独特的室内景观。通过借景手法，在有限的空间中取得“无限”的自然景观，由于室外自然景观的呼应才使得室内人造自然景观更富“天然之趣”。通过模拟、象征、引喻的手法，在整体室内环境中，通过真假结合取得以假乱真的绿化艺术效果，表达出一种含蓄、朦胧之美。

同时，由于室内绿化有很突出的装饰效果，能够强烈地吸引人的注意力。因此在人群密集的建筑空间中，例如现代建筑中的共享大厅，绿化常常起着空间标识和交通诱导的作用。最常见的是在建筑的入口处、楼梯起步位置或在需要强调的某些部位中，布置一些醒目的花木，可以给人以强烈地暗示。在厅内人流混杂，各种活动频繁的情况下，利用有规律的、连续布置的绿化，在分隔空间的同时，巧妙而含蓄地诱导人流。

二、调节心理和生理功能

当人们生活、工作在无机的、封闭的室内环境中，绿色植物能给人以安定感和舒适感。这种效果在超过100m的超高层办公楼空间中，尤为明显。近年来，长时间在办公楼里工作的员工感到越来越多的不适，感到眼痛、目眩、喉咙痛、头痛，有疲劳感、不安感等。虽然空气污染是主要原因，但对于现代建筑所引发的综合症，不能不保持警惕。大量的实验证明，在室内摆放的绿色植物，可以缓和、恢复人的视觉疲劳，消除各种烦恼，对建筑引发的综合症有一定的缓解作用。

三、改善空气质量功能

绿化能起到调节室内温、湿度和净化空气的作用。尤其是在现代建筑的室内空间中，出现了一些新的污染源，如现代家具、装修往往使用人工合成材料，会放出微量的有害气体和物质，同时给细菌和真菌的繁殖提供了温床。如果在室内种植相应的花木可以起到杀菌的作用，更新空气的效果也很明显。有实验表明：秋海棠可除去家具和绝缘物品放出的微量挥发油和甲醛，吊兰则善于吸收一氧化碳。因此，在西方一些国家近年来兴起了“生态设计”，已渗透到建筑行业中来，主要是将大量的绿化和人类活动的空间紧密结合起来，与前面所述的室内模仿自然的要求是相辅相成的。如巴西出现了“生态墙”的设计，即将草籽埋入空心砖，砌在建筑物的表面，形成绿色的帷幕。

四、改善劳动环境功能

在美国芝加哥的一栋办公楼中，完全用绿色植物作为隔墙来分隔室内空间，不但获得了良好的景观、清新的空气，也产生了心理效应，提高了人们的工作效率。美国的科学家们甚至考虑，在航天飞机里也种上花草，利用植物本身的呼吸作用，在密封的机舱内创造气体循环的小环境，这样不仅可以更新空气，而且可以增添生活的情趣，缓解宇航员在高空中紧张的心理状态。

第三节　室内环境特性与植物生长的关系

在室内空间中，除了以植物为主体的温室外，一般是以人的活动为主体，其光照、温度、湿度和风等环境条件也受人的控制。在最初的将植物引入室内的建筑设计中，其内部空间是适合植物的生长发育的环境，而今日却是在以人为主体的环境空间中引入植物。因此，创造良好的植物生长环境显得尤为重要。

我们将不利于植物生长发育的环境因素称为环境压。随着环境压的增大,可生长的植物种类随之减少，植物也无法达到旺盛的生长状况。为了促进植物的良好生长，一定的养护管理是必须的，同时也需要一定的资金。

在进行室内植物种植设计时,应首先考虑其种植场地的环境压,然后寻找相应的解决对策。这些对策不论是在建筑设计、植物种植设计，还是施工管理阶段，都应作为重点加以考虑。当然这些对策的实施是由人来掌握，因此应经常性地、适时适地地进行调整，也是十分必要的。只有对植物生长环境进行充分地设计整治、注重树种的选择以及日常的养护，才可能营造出良好的植物景观。

一、光照条件

一般建筑中庭绿化中,导致植物枯死的最大原因是光照不足。我们可以将室内外光的照度作一下简单的对比，在冬季晴天时室外光的照度为50000lx，阴天时室外光的照度为2000lx，而光线充足而明亮的室内，光的照度为2000lx，可阅读的室内光的照度为500lx。由此看出，我们一般认为已很明亮的室内，与户外相比，其光的照度依旧很低。而对植物而言，即使是耐阴性很强的观叶植物，其所需的基本光照也在500lx以上。

1.光源

太阳是自然界中最大光源,该光源具有植物生长需要的所有波长,但是植物的生长并非只能利用太阳光。在光合作用的过程中,光化学反应需要波长约为400nm（紫）~700nm（红）的光，如果光照达到了进行光合作用的要求，并给予一定的照射时间，那么采用人工光也未尝不可。

由于在光形态发生中，光的信号作用在400~800nm左右的波长范围内才有效，所以即使光信号相同，但因波长的不同，其作用是不同的。因此可以利用人工光源，如不同种类的白炽灯，来对特定波长的光进行增减，所以在光形态发生中也会有异常状态。

在室内,植物吸收的是通过玻璃后的自然光,而在没有外部光照或极少的情况下，可以考虑利用太阳光采集装置或人工光。

（1）玻璃

当建筑全面使用玻璃幕墙时,即使室内空间具备了获得光线的最佳条件,但其能吸收的光线也只是室外的85%，通常玻璃温室中只能获得40%～50%的光线，而4层高的共享大厅只能获得30%，部分树荫下只能得到5%。共享大厅越高，所获得的光照就越弱。

由于玻璃种类的不同，不仅光全体的透射率不同，而且不同波长光的透射率也不同，因此尽可能选择能透过有利于光合作用的光的玻璃。如果由于设计上的需要，选择了光阻碍率较高的玻璃，那么可以通过人工光源或太阳光采集装置来进行补充。

（2）太阳光采集装置

太阳光采集装置是利用镜面反射和光导纤维来获取太阳光的装置。而光纤维传导的是除去紫外线、红外线的，与太阳光不同的光。太阳光集光部位的大小与照射面积、光照强度的比越小，光照效率就越差。在太阳照射不足的时期，如梅雨季，为了保障植物的生长发育，补光装置是必须的。但是由于设备价格昂贵和为了传至镜面需要相当空间等原因，推广使用较为困难。

（3）人工光

照明器械种类的不同，所产生光的波长也不同，如果只考虑光的合成，那么400～700nm的宽频光谱就可，其中波长600～700nm的光最为有效。对于观叶植物和所有苗木来说，光合作用所需光谱中的任何一种光都可以，但是多数植物还是需要波长范围更广的光。

在室内导入绿色植物，其目的是为了观赏，如果采用苗圃基地中所使用的荧光灯、高压钠灯来进行照明的话，色彩的显现成了问题：有限的光谱输出被叶片选择性地吸收了。荧光灯具有非常好的色彩平衡，而汞灯和钠灯却难以缓和其偏向性。汞灯偏向光谱的蓝端，而钠灯不是放射出一种单波长黄色光（SOX），就是一种宽波段的仍为橘黄色的光（SON）。在SON光下，叶片显得灰或黑。尽管如此，后面几个类型的光源，如高强度放电灯，仍是中庭照明较常用的灯型，因为它们在高大的空间里是有效的。将两种光混合起来使用，能使植物有好的色彩显现，这已在纽约的花旗银行总部中实现。这种光的组合效果显得很奇特，由于这两种光源色彩都非常明显，单独看任何一种都会被认作是白色。在少见的以放电灯光为主要植物能源的中庭情况下，它会对植物生长产生作用。蓝光会阻碍、压抑植物生长，红光则使植物伸展，变得纤细、柔弱。钨灯成不了中庭的选择对象，因为它对大尺度照明无能为力，同时其偏红色彩又不受欢迎。

目前对种植可行的、最有吸引力的光源是金属卤化物灯。它放射一种强烈的、全光谱的光线，当其发出的光洒落到叶子上时，就像阳光一样。这种光源已在芝加哥水塔广场大厦中得到最有效的应用。

2.光照强度

根据季节的变化，太阳光的光量也随之变化，同时随着玻璃位置的不同，照射的方向和光量有着极大的差异。在天井架设玻璃天窗时，夏季的光线能较深地照射到建筑物内部，而冬季的光线高度较低，照射的光量受到一定的限制。由于冬夏季照射光量上的不同，因此夏季在保证充足光量的同时，通过遮光装置来控制光量，从而减少全年中的差异，使植物的生长较为平均（图 3–3–1）。

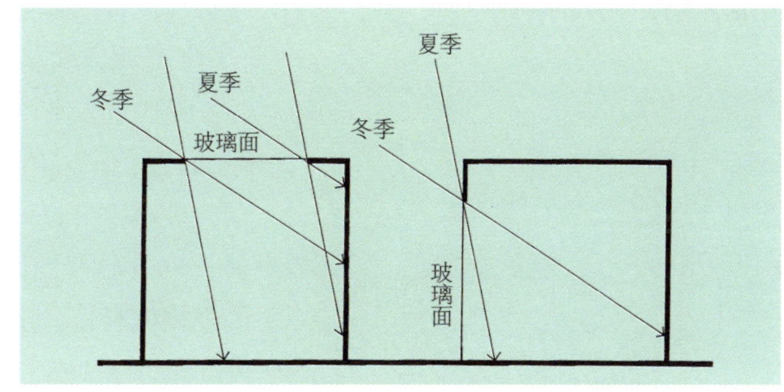

图 3–3–1　光线入射随玻璃面的不同而不同

直射光通过玻璃照射的光线范围几乎与受到照射的玻璃面积大小相同，而散射光在通过玻璃面之后会发生扩散，当受到散射光照射的平面与玻璃面相互平行时，受光面的光照强度与其面积的大小成反比，即如果光线照射到室内的面积是玻璃面积的 4 倍，那么其光照强度只有玻璃的1/4（图3–3–2，图 3–3–3）。

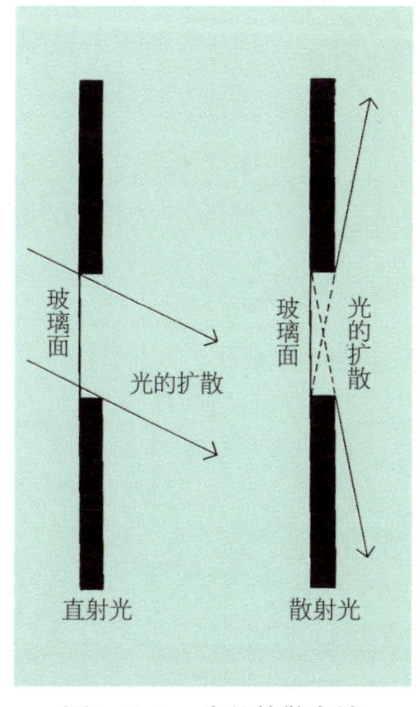

图 3–3–2　光的扩散方法

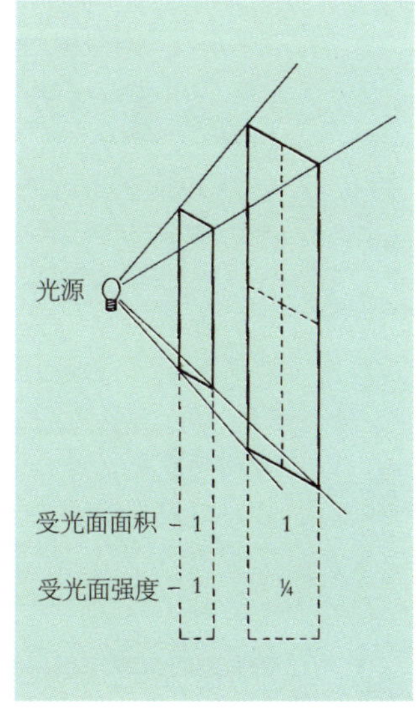

图 3–3–3　受光面与强度的关系

3.光照持续时间

为了确保植物生长过程中光合作用的进行，不仅光照强度很重要，光照时间的长短也极为重要。在室内光照强度受到限制的情况下，只要持续一定的照射时间，还是有可能在整体上确保光量，但是植物也有所不同，照射16小时以上后生长状况恶化的植物也不少。多数观叶植物及所有苗木，即使进行24小时的照射也能保持其良好的生育状况，但也有些落叶乔木在经过16小时的照射后，生育状况逐渐恶化。所以，对于观叶植物而言，白天只需人们活动所必备的光线，夜间能满足光合作用的光线即可。

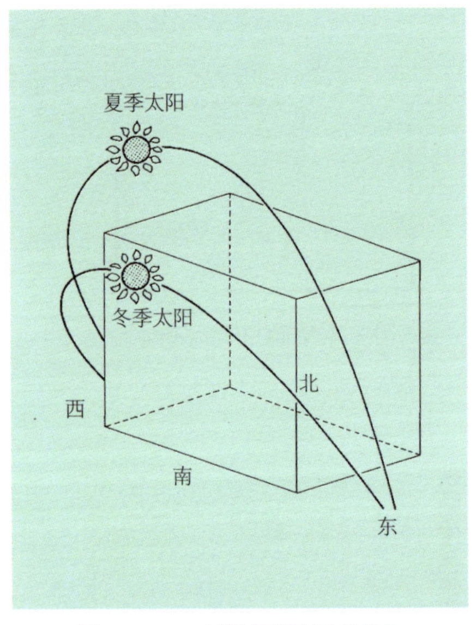

图3-3-4　太阳高度随季节变化

4.光照方向

光线进入室内，不论是从天井还是从侧面，由于季节的变化会有很大的差异。同时玻璃窗方位的不同，进光时间段和时间长短也不同。但散射光不随玻璃窗位置的变化而变化，光照强度也相对较弱（图3-3-4，图3-3-5）。

由于室内光线受限因素较多，而一般植物又是迎光生长，并且在同样的采光面积下，顶光亮度是侧光的2～3倍，因此顶光作为方向性的光源更受植物欢迎，而光形态发生促使植物向光生长，从而保持自然形态。如果是侧光，有可能形成某侧枝叶茂密，植物外观就可能变形，因此可以

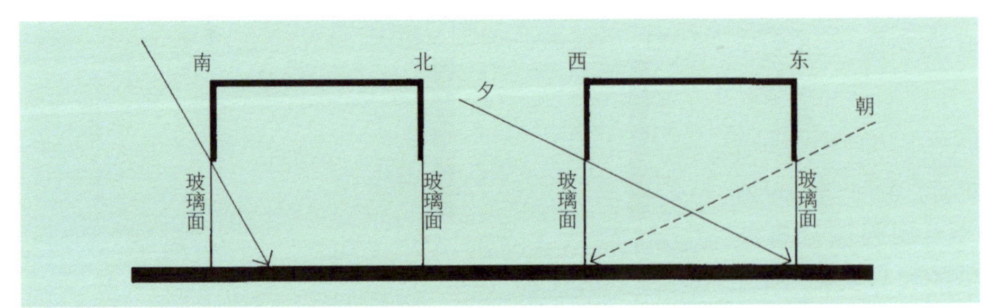

图3-3-5　光线入射随玻璃面方位的不同而不同

通过人工光进行补光，从多方向照射，有助于树的形态平衡，也可以进行多次剪枝，必要时应进行移植。如果是单株植物，可以把植物移回种植钵，再定期旋转植物，使其每边都可获得生长所需的光。

二、温度条件

（1）植物和温度

植物与温度的关系主要表现在超过植物生存温度时植物枯死、光合作用、呼吸等方面，以及低温时花芽形成、休眠等状况。在自然界中温度很大程度上影响着物种的分布，同时因植物种类的不同，生长的温度也有所不同。但是对于多数的植物来说，其适宜生长的温度为15～25℃，与人感觉舒适的温度十分相近。当超过适宜生长的温度时，植物的呼吸量会增加，生长状况恶化，如果温度再上升就可能枯死；相反如果外界温度低于植物的适宜温度，光合作用的量就会减少，生长速度也会减弱。由经验可以得出以下一些规律：像福特基金会那样，在温暖的中庭空间里采用温带植物并不成功。在大多数中庭空间里能看到亚热带植物，是因为中庭温度状况与亚热带的相似。一些以天为周期的温度变化实际上能受到植物的欢迎。白天的21～24℃与夜间的15～18℃的对比是理想的温度状况。

（2）高温

在多数的室内空间中，都是利用冷暖空调来调节，保证适宜的温度，但这只限于人们活动的大型空间。由于中庭高度的不同，其上下温差很大，这种情况下，高大乔木上部空间的温度肯定超过了适宜温度，由于高温的作用，植物的消耗量增加，影响到植物的生存。在夏季，尤其要利用天窗来调节室内温度，如果没有天窗，则需经常将植物挪动到适宜温度的环境中，否则植物无法达到良好的生长状况（图3-3-6）。

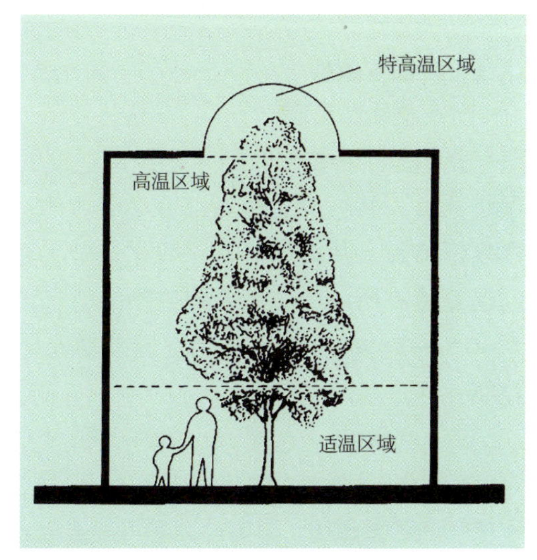

图3-3-6　室内高温区域

（3）低温

当中庭空间内的空气与外界相通，或者在可开启天窗呈开放状态时，冬季夜间的温度会大幅度下降，如果是乡土植物应该没有问题，但是对于热带植物、亚热带植物就会有生存界限的问题。通常在与外界空气隔绝的室内，只要空间规模不是太大，即使夜间暖气停止，室内温度也不会低到影响植物生育的程度。但如果种植热带植物、亚热带植物，室内的最低气温最好不要低于5℃。

（4）温度变化、温度差

关于室内的温度变化，主要表现在夏季白天使用空调时和夜晚停止使用空调时，室内温度与室外温度形成的反差。白天因植物光合作用的需要，稍高的室温对植物比较有利，而夜间植物会控制能量消耗，稍低的温度更有利于植物的生长。因此应尽量减小昼夜温差与内外温差，另外1天中的温差最好不要大于10℃。

在使用空调的室内，全年温度几乎没有变化，导致需要进入休眠期的植物由此停止休眠，转而疯狂生长，即使到了冬季也不落叶，还会不定期地开花。所以，种植有休眠期的落叶植物时，需要将温度设置在5℃以下，以利于植物进入休眠状态。

由此看来，把最低温度不能低于5℃的观叶植物，与需要温度在5℃以下的落叶植物安排在同一空间里，两者的生长都将十分困难。

三、湿度条件

（1）植物和湿度

湿度是左右植物叶面水分蒸发速度的重要因素。如果湿度过高，叶面水分无法蒸发，将会导致根系部分在吸收水分上的困难，但如果湿度过低，叶面蒸发量增加，从而超出根部吸水的能力范围。因为植物种类的不同，其喜好的湿度也有所不同，大多数植物的适宜湿度为40%～60%，而人的适宜湿度为40%～50%，因此在利用空调装置进行调节的室内空间中，其湿度应大致地控制在这个范围之内。

（2）高湿度

在室内，影响植物生长的高湿度几乎很少。如果室内过多地种植植物，那么由于植物的蒸发作用，湿度过高有可能造成人体的不适。但是在装有中央空调的室内，也只有植物密集之处可能感受到，一般长时间湿度持续超过90%的状况很少。

（3）低湿度

湿度过低时，即使土壤水分充分，但植物的根部吸收水分的时间长，也有可能出现干枯现象，特别是薄叶植物，如果再加上太阳直射，很容易造成叶焦。在湿度较低的冬季，由于使用空调，所以室内温度上升很快，但湿度随之降到20%～30%，造成空气干燥。因此为了达到40%的湿度要求，应采取一些预防措施，如使用加湿器和喷雾装置以及增加水面等。

四、风力条件

（1）植物和风

空气的流动形成风。完全无风状态下，由蒸腾作用产生的水蒸气和光合作用释放的氧气会聚在一起，这样光合作用需要的二氧化碳和夜间呼吸所需的氧气将随之减少，植物生长由此受到影响。如果保持0.5～0.6m/s的微风，植物周边的空气进行流动，并保持一定的空气组成，可以提高植物的新陈代谢。而强风则会加剧水分的蒸发，并使叶面频繁接触，造成伤痕甚至折断。

（2）室内的风

室内空调吹出的风一般不是很强，夏季为冷风，冬季为热风。但是暖风虽然不热，却很干燥，会产生叶面萎缩、叶缘枯死等植物生长发育上的障碍。而热带性植物如果遇上冷风，也有可能产生生长不良。与室外相比，室内的风相对较弱，因此不仅是植物的蒸发，还有土壤表面的蒸发都会受到影响，蒸发不畅会造成土壤中水分过多，根部腐烂。

五、土壤条件

在植物的成长过程中，植物的根系从土壤中吸收氧分、水分，然后输送到植物的地上部分，同时其根系部分又起着支撑地上部分、储存营养成分的作用。

（1）室内土壤

有关土壤在化学特性、物理特性方面所适宜的基准值，如表3–3–1所示。但是这些值是在室外自然状况下得出的结果，可以在室内进行操作时作为参考，但不能照搬。

作为室内绿化用土壤，要求具有透气性、透水性、保水性、保肥性和轻质性等多重性质，而各种人工土壤的开发和研制正是为了满足植物对土壤的这些要求。

土壤性能的希望值 表 3–3–1

分析项目	作为栽植地基的希望值
有效土壤层	80cm 以上
土壤硬度	20mm 以下
土性	砂土～黏土
沙砾含量	25%以下
透水系数	10^{-4}cm/s
有效水分量（PF1.8～3.0 范围内）	6%以上
气相率	15%以上
间隙率	10%以上
水的 pH 值	5.5～7.0
腐殖质含量	3%
氮气含量	0.12%以上
碱交换容量	6me/100g
有效磷酸	2me/100g
可交换性钾	0.2me/100g
可交换性钙	5me/100g 以上
电传导	1.5mmho/cm 以下

人工土壤的使用与灌水方法、排水方法、施肥方法等密切相关，使用时必须加以注意。

轻质性已成为在非自然地基上因荷载而影响建筑成本的重要因素。同时，在风力较弱的室内，由于不存在土壤飞散或植物被风吹倒等危险，所以在人工轻质土壤的使用上毫无问题。

由于室内既不下雨又不刮风，很容易造成土壤中氧气不足，因此要求室内土壤的透气性与透水性比室外的高。同时要求土壤保水力强，排水容易。如果排水不畅，容易引起根系腐烂。

土壤的保肥性根据管理时施肥方法的不同而不同。如果土壤中含有未熟的有机质，有可能引起因其腐烂而带来氧气不足的问题，因此一般不使用未熟的有机土壤作为改良材料。

在使用自然土壤时，应考虑到土壤、水的腐烂和腐臭，要采取使用各种改良材料、添加药剂等措施。

（2）人工土壤

人工土壤与自然土壤相比，在透气性、透水性、保水性等方面都比较完善。同时由于其中所含的杂草种子、造成病虫害的菌和卵等较少，所以在除草、防止病虫害的管理方面工作相应较轻。多数情况下，由于袋装、轻量的优势，在搬运、铺设等方面较为方便。在美国，人工土壤多数是沙砾、松树皮、珍珠岩等的混合物，在日本由于室内的状况和美国相差不远，一部分建筑室内也开始使用这样的人工土壤。对于大饭店、高级餐厅等这些对气味非常敏感的场所，应避免使用易产生腐殖菌的土壤，而应选用人工轻质土壤，或选择无土栽培。无土栽培与水中栽培采用的是同一原理，浇水方便，维护简单。但在移植前，应对选用的植物作过渡养护。

（3）排水层

为了保证植物的良好生长，土壤中过多的水分必须排出种植区外，所以排水层与排水孔是必不可少的。同时排水层又是空气流通的必经之处，必须确保一定的空间。在日本，排水层中经常使用一种被称为“黑曜石珍珠岩”的材料，除此之外各种板状排水材料也被开发出来，与人工轻量土壤一同使用，成为配套产品（图3–3–7）。在排水层与土壤层之间，还要使用无纺布来进行分离，以防止土壤流入排水层。但在人工土壤中就没有这种必要了。另外，种植范围内如果有排水孔的话，必须设置便于检查的排水井（图3–3–8）。为了使土壤中的空气更容易交换，可以从土壤表层埋设通气管至排水层（图3–3–9）。

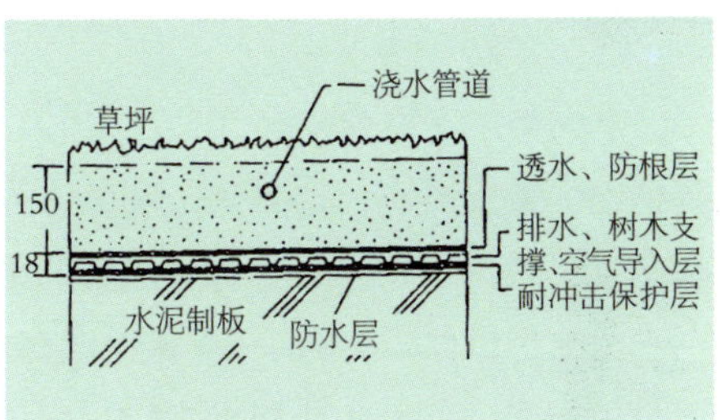

图3–3–7　卡纳多工法

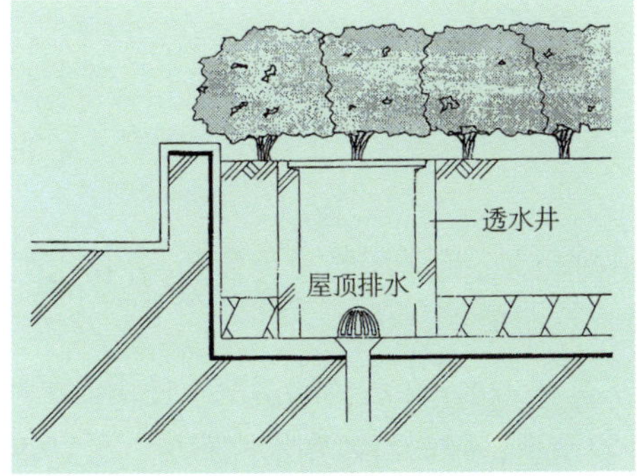

图3–3–8　种植池内的排水区域

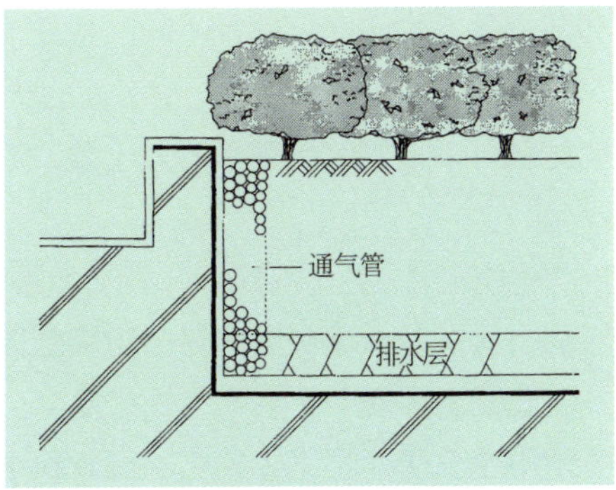

图3–3–9　通气管

六、水分条件

一切生物离不开水。水是植物进行光合作用的主要成分，同时也是植物体的构成成分。水还在调节体温、输送氧分等方面起到重要的作用。

（1）土壤水分

土壤中所持的水分，根据与土壤粒子的结合程度，划分为重力水、毛细管水和附着水三大类。重力水存在于土壤的粗孔隙中，随着重力被渗透，最终排出，因此很难被利用。但是由于这类重力水的存在与运动，造成土壤中空气流通，从而提供氧气。毛细管水因张力而存在于土壤的细孔隙中，如果是自然地基，由于土壤干燥使得张力增大，从而能吸取地下水分，如果是室内土壤，就没有足够的水分进行补充了。而植物最主要的就是利用此类毛细管水，如果水分少张力大，利用的可能性就会减少。附着水由于牢固地吸附在土壤粒子上，根本不可能被植物利用。

对于植物的生长，主要考虑要如何更多地提供毛细管水，如何尽快地排除重力水，因此保持土壤中的适当的粗孔隙和细孔隙是十分重要的。

（2）室内土壤水分

室内由于无自然降雨，所以必须进行人工给水。由于室内风力减小而引起地表及植物的蒸发减弱，造成了土壤中水分排出过缓，形成过湿现象。因此为了将剩余水分迅速排出，有必要考虑土壤的组成以及排水层、排水孔的设置。

无论种植面积的大小，都要提供充足的水分，为此可考虑将上水道的水栓埋设在种植地内；如果无法埋设水栓，则可考虑采用其他方法来保证水源。

（3）浇水

给植物浇水的方法一般可分为表层浇水、地中浇水和底层浇水3类，根据土壤和栽培体系的不同可进行不同的选择（图3-3-10）。

表层浇水主要是根据土壤表面的状况来判断浇水时机，它的好处在于土壤表面的肥料可以很容易地顺水流入土壤，但在浇水的量与强度的把握上，需要一定的经验。

地中浇水是一种自动的、容易掌握的浇水方法。但其配管较为复杂，在使用肥料的方法以及土壤表面容易出现堆肥等方面，需要十分注意。

底层浇水便于在土壤水分蒸发少、用水量小、浇水次数少的情况下使用。由于土壤中水分变化小，如果底部经常积水，容易引发根的腐烂和水的腐臭，最好使用专用人工土壤。

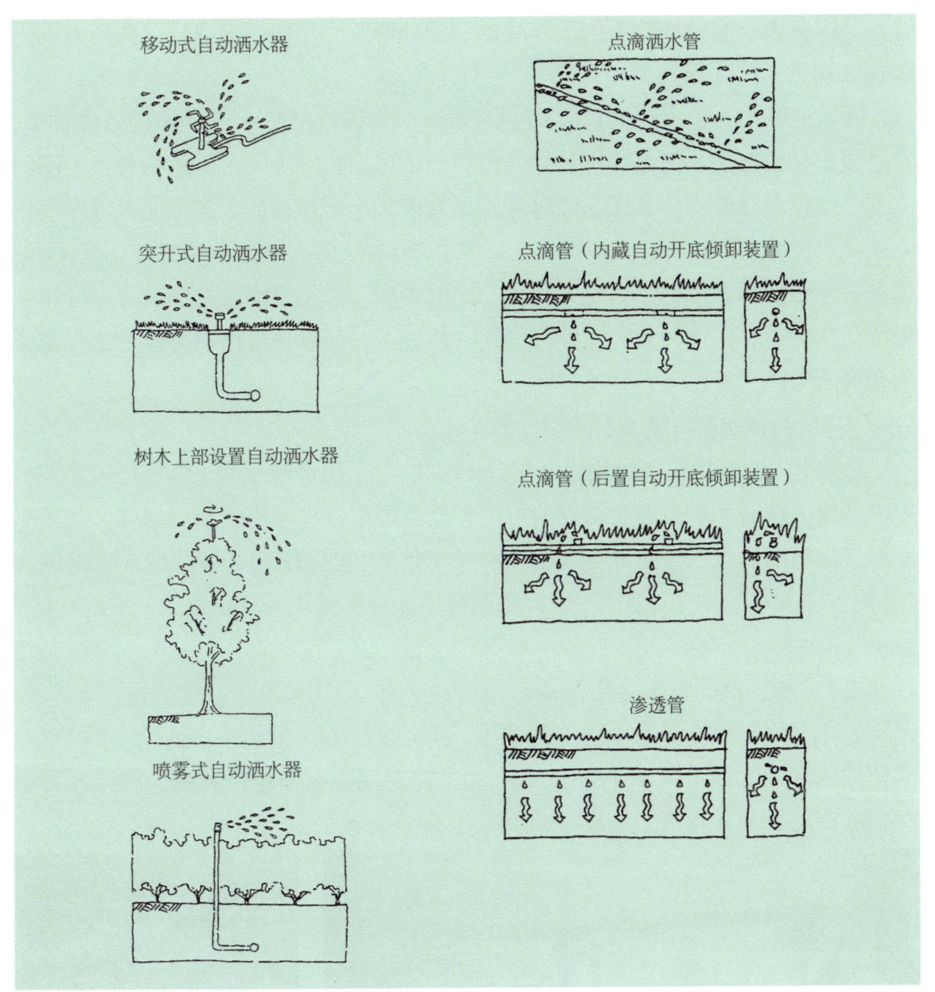

图 3-3-10　给水方式

第四节　室内绿化设计与手法

一、室内绿化设计

1.绿化类型

在室内绿化设计中，其形态类型丰富多样，有的在大面积的覆土上种植高大乔木，有的从地面到天井全部垂直绿化，有的只是一棵孤植树。如此之多的绿化形式，是因室内空间性质的不同而产生的。设计中还要特别考虑建筑空间所处的地区特性和风土特性等问题。

可以从以下几个不同的角度，对室内绿化形式进行划分：一是根据植物种类，二是根据种植方法，三是根据种植部位，四是根据树冠的大小。植物种类的不同主要是根据绿化设计的意图，同时也根据室内构造所带来的采光、通风等环境上的差异。例如建筑中庭的天井和四壁都为玻璃，那么就有可能种植落叶阔叶树种；如果只是壁面为玻璃的话，采光受到一定的影响，那么只能以常绿树或观叶植物为主。在此，对植物种类的差异不再进一步说明，而是从植物的种植方法和部位的角度来考虑，有以下几种类型。

（1）全面覆土的乔木绿化方式

此类型主要是指在室内用缘石划分出绿化空间，覆盖较厚的土壤和埋设必要的排水设施，使高大乔木的生长成为可能。此类型适合大规模的室内绿化，让人感受到身临自然的氛围。但是随着植物种类和数量的增加，有可能导致总重量的增加，再加上灌水与排水等因素，因此全面覆土的乔木绿化适宜在地面一层进行（图3-4-1）。

（2）大型容器的乔木绿化方式

这是一种在欧美国家中常见的类型，甚至连行道树都使用容器，而室内也经常使用巨大的容器（图3-4-2），日本的中庭空间中很多也是利用大型容器种植7～8m高的乔木，体现适宜的空间尺度。

图3-4-1　日本爱知县绿化中心室内绿化

图3-4-2　日本大阪茨音21大楼中的乔木绿化

（3）与建筑一体的容器绿化方式

如用此类型，在进行室内中庭建设时需要事先考虑。如果将（1）的覆土方式称为自然型，将（2）的容器方式称为装置型的话，那么该类型可以称为建筑型，因为中庭内存在的绿色与周边的柱体、壁面、楼梯形成一体，极具建筑性。最为典型的事例有美国芝加哥水塔广场大厦的入口空间（图3-4-3，图3-4-4）。

图3-4-3　美国芝加哥水塔大楼的室内广场

图3-4-4　美国芝加哥某大楼的容器绿化

（4）小型容器的集中绿化方式

该形式在一般的室内空间绿化中较为常见，如室内门庭、回廊等处。这也是目前我国室内绿化最常用的手法。在美国这种类型运用较为独特的事例有很多。

（5）乔木根部埋入地下方式

这种方法是将支撑树木的绿化池设置在铺装地面以下，树干直接从铺装留出的孔穴中生长，看不到种植用的土壤。这种方法常用于室内的通道或休息空间，它可以使空间获得更有效的利用（图3-4-5，图3-4-6）。

（6）壁面与柱体的垂直绿化方式

作为一种在壁面与柱体等垂直部位进行绿化的方法，主要有植物下垂的悬

图3-4-5　日本吉本大楼的室内绿化

挂型和吸附物向上蔓生的附着型两类。在室内空间中，运用较多的是悬挂型绿化（图 3-4-7，图 3-4-8）。

（7）营养液栽培绿化方式

营养液栽培是以人工泡沫炼石代替土壤而进行的溶液培养方式。其特点在于植栽的轻量化、管理的简便化和清洁化。这也是在德国、荷兰、比利时、新加坡、日本等地常用的绿化手法，目前在我国也开始受到重视（图 3-4-9）。

图 3-4-6　IBM 公司本部大楼的室内竹林

图 3-4-7　日本大同生命公司大阪本部大楼的垂直绿化

图 3-4-8　美国某大楼大规模的柱体和壁面绿化

图 3-4-9　日本大阪克里思塔大楼内的营养液栽培绿化

2.新型的绿化形式

如果将室内的绿化形式与种植技术的发展以及建筑技术的融合作为前提的话，那么今后就会出现更多各种各样的可能性。在此简单地介绍一下有关绿化形式的几种可能。

（1）营养液栽培的可能性

这种方式在前面已经提到，但还存在着几种与其他形式组合的方式，如与室内家具的组合等。以往，室内绿化植物是离不开水和土，因此也远离我们通常所说的室内家具，近来由于营养液栽培技术的发展，使得植物与室内家具的组合成为可能（图3-4-10～图3-4-12）。这是一个植物种植箱系统的展示，将事先预备好的树木种植单元放入种植箱内，让根系部分沿剩余的空间伸展，并在上结合沙发椅，供人休息。这种形式有以下几个特点：①使室内小环境种植乔木成为可能；②更加轻质化；③通过一定的连接方式，可创造出适合空间形状和大小的不同组合；④根系部分导入了装饰性更强的座椅等家具，以适合各种目的的空间；⑤在移动和形状的变换上更容易；

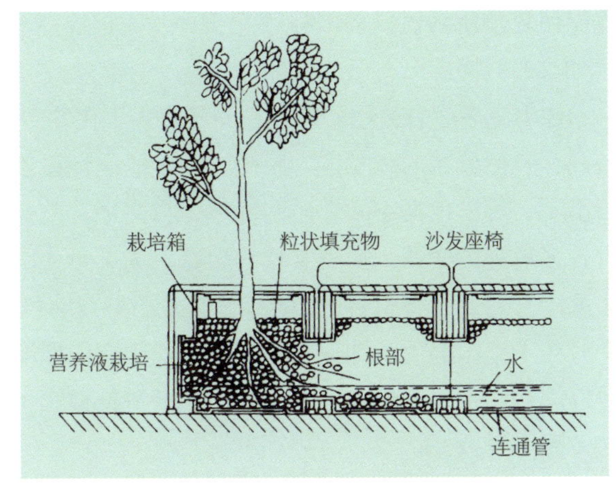

图3-4-10　内藏式营养液栽培系统方式

图3-4-11　内藏式营养液栽培系统的运用

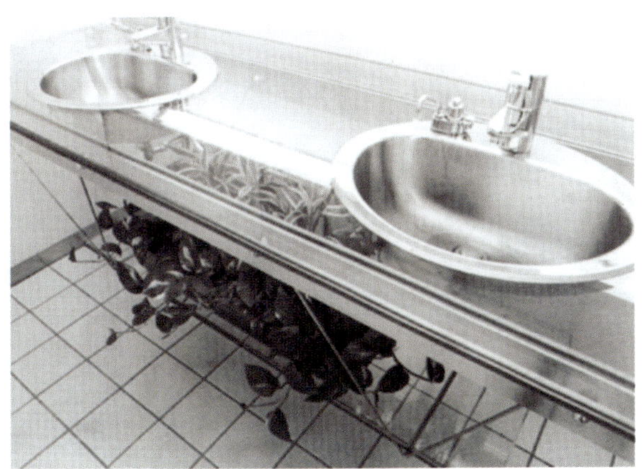
图3-4-12　洗手间内的绿化

⑥即使夏季浇水也只需1.5～2个月一次。

（2）植物拆旧造新的可能性

像中庭等配有植物的建筑空间是较人工化的空间，同时也意味着空间的可变性较高，包括其目的和功能。因此，固定的绿地设置并不完全适合中庭空间。这种情况下，可以根据空间性质的变化，自由地调整空间形式，并通过植物的配置进行许多有趣的尝试。如写字楼的中庭，为了给人以四季景观变化，可在植物种植中采用分四回替换植物的方法，使一年中始终有鲜花盛开、红叶飘落的季相变化。同时由于室内的生长期只有3个月，那些因室内照度不足而不能种植的植物因此也可以得到利用。此外为了使树木的频繁替换成为可能，一般采用超轻量的绿化做法（图3-4-13）。

（3）蔬菜与草花运用的可能性

在日本千叶县有个室内的草花花园，花园中装饰性地栽培了各类草花、野花，其间设有餐厅、咖啡馆和小卖店。整个空间虽然提供高温多湿的生长条件，但因局部使用了空调，总体环境还是舒适宜人的，特别是置身于芳香花草之中，品尝用花草制作而成的茶水和食品，的确令人心旷神怡。

图3-4-13　超轻量绿化工法的运用

以同样的构思，可以运用蔬菜来装饰室内空间。美国的迪斯尼乐园中就有这样一个展示未来农业的娱乐空间（图3-4-14，图3-4-15），这其中的蔬菜栽培极具装饰性，这种技术可在中庭等室内空间中得到充分的利用。

图3-4-14　迪斯尼乐园中的农业展示场

图3-4-15　野花花园

二、室内绿化手法

1.光照条件的维护方法

（1）自然光的利用

利用自然光营造室内绿色空间时，其植物的光照与采光玻璃幕墙的大小、位置以及光环境有着极大的关系。自然光在进入室内时，不仅是射入光线，同时也带入较多的热量，使得室温升高。如果想在室内引入绿色，那么在建筑设计的初步阶段，就应充分预测如何更好地满足植物的光照条件，从而有效地选择种植的植物。特别是光照要求高的植物，在人工补光受到限制时，更需确保充足的自然光。

图3-4-16是采光玻璃幕墙的位置图，根据其方位的不同，进光量和温度的变化量也随其变化。当天棚为玻璃时，可以获得较多的进光量，但是室内的温度会随着太阳光线角度的上升而增高。这种情况下，室内中庭大空间的顶部最容易形成高温，因此需要考虑玻璃的开闭构造或排气管道，使空气上下流通，从而降低上下空间的温度差。当侧面为玻璃幕墙时，如果是南面，在装有空调装置的夏季，即便光照强烈，但因太阳照射角度较高，光和热量难以进入。而在装有暖气设备的冬季，虽然光照较弱，但又因光和热量容易进入，使得室温和光环境朝着良好

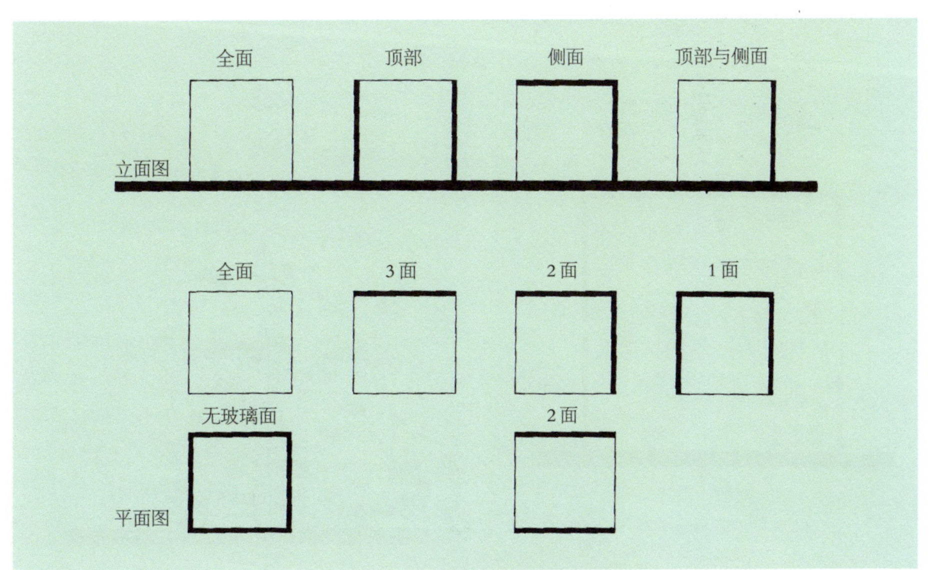

图3 4-16　建筑中玻璃幕墙的位置

的方向发展。如果是北侧，光照变化随着季节和时刻的变化相对较小，因此进光量和热量也无上升的趋势。

此外，在利用自然光时，还需考虑光环境因地区、场合的不同而不同。如梅雨季节，日照时间虽然较少，但该季节的光照最强，即便是多云，光的绝对量也是最多的，更不用说是晴天，不用担心光照不足。如果是冬季，光照相对较弱，再加上多云及雨雪天气，只靠自然光难以维持植物的良好生长，因此需要考虑人工光源的辅助照明（图 3-4-17，图 3-4-18）。

（2）人工光的利用

室内环境下，人所需要的光照和植物所需的光照是有很大差异的，而这种差异用肉眼是无法判断的，必须用照度计来测定。例如，即使人感到室内十分明亮，其照明限度为 1000lx，而宾馆饭店的大厅只有 100lx。如果想在此进行绿化，就必须保证植物生长所需的光照。

当照射面积小、发光面与植物的间距较近，且光照强度要求不是那么高时，可采用白炽灯、荧光灯等照明设施；如果照射面积较大，发光面与植物距离较远，且光照强度很高时，可采用水银灯、高压钠灯等作为照明光源。在利用这些光源时，特别要注意避免使光线直接进入肉眼，造成眩目。如果情况不可避免，应尽可能选择夜晚无人时进行照射。如果是对光照时间敏感的落叶树种，白天光照可弱一

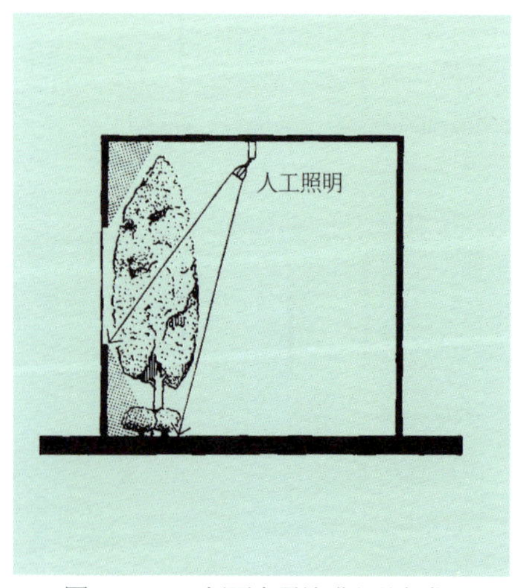

图 3-4-17　侧面光无法进入的部位

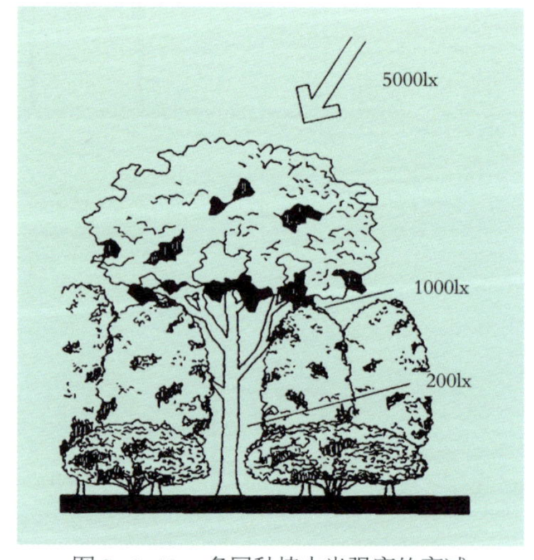

图 3-4-18　多层种植中光强度的衰减

些，以免造成植物疯狂生长。如果是对光照时间迟钝的观叶植物，即使昼夜进行照射，也不会影响其生长。

人工光的光源有一定的热量，植物与光源必须保持1m以上的距离，否则会引起叶焦现象。另外太阳光的光色随着时间的变化而变化，为了让人工光也具有同样的功效，可在早中晚变换不同种类的灯具，以创造出近似于太阳光的光色环境。人工光的光源往往是固定的，很容易使植物朝着光源的方向生长，因此尽可能移动灯具，避免植物树形生长偏移。

2.植栽地基的维护方法

（1）人工地基型绿化

在进行室内绿化时，如果地基为自然型地基，虽然使用的是自然土壤，但多数由于建设原因，土壤被固化或混入建筑垃圾等，使得地基状况十分恶劣，无法确保排水的畅通。而当地基为人工型地基时，排水更成为主要问题，即需要设置排水装置。若采用营养液栽培系统，可无排水装置，但设置排水装置将会提供更多的便捷。除此之外的做法，如果不设排水装置，便会给管理上带来诸多不便，同时也影响植物的生长。

由于室内风弱且无降雨，土壤中的空气交换难以进行，使得土壤颗粒变粗，如果在土壤表层与排水层之间通过排气管衔接，那么空气的交换可以顺利地进行。排水孔必须设置在定期检查用的四方形槽内，每月定期检查一次。在室外的人工地盘上可以采用具有保水性的板状排水材，但若在室内使用，有可能因积水而引起腐烂，因此最好避免使用。土壤的透气性是首要考虑的问题，自然土壤一般透气性较差，容易引起土壤腐臭，因此作为人工地基的土壤应避免黏性土，尽可能选择砂质的、不含有机物的土壤。

作为土壤改良用材料，最有可能发生腐烂现象，需避免未成熟的有机物。利用炭煤时应减少与含杂菌多的黑色土的混用，而多与沙土、珍珠岩混用。煤能抑制菌丝性微生物的产生，同时能吸附有臭、有害的物质，而且在其他方面也有很大功效。用硅藻土烧制而成的陶瓷也有与煤近似的性质，而且机械性上比煤更强。如果通过这些材料将室内空气带入土壤，那么空气和水中的污染物质就能被除去，给植物的生长带来良好的影响。

对于人工地基上的绿化，土壤轻质化也是主要问题之一，一般人工土壤的重量是自然土壤的1/2～1/3，再加上有一定的包装，即使在难以施工的室内，其施工性能也是良好的。

关于土壤浇灌，最好是由操作熟练的工人来进行。如果难以确保，最好选择自动化浇水，这样可以减少差错，对植物生长有良好的效果。浇水装置形式多种多样，各有所长，应根据环境、土壤和管理方法来合理选择。如果直接将上水道的水引入土壤中，就必须设置逆止阀，如果是高架水槽也应尽可能地设置逆止阀。在室内由于无降雨和不受季节的影响，一定时间间隔浇水一次，只需用计时装置来控制就可以了。

不论是自然土壤还是种类众多的人工土壤，都可采用地表浇水和地中浇水的方式，而底层浇水则是营养液栽培系统和毛毡式吸水系统中必须使用的方式。毛毡式吸水系统，是在底面设置管道，土壤根据毛细管原理将水吸入，通常用于人工土壤。无论是何种人工土壤，在使用毛毡式吸水系统时，必须使用配套的管道设施，防止土壤表面积水（图 3-4-19，图 3-4-20）。

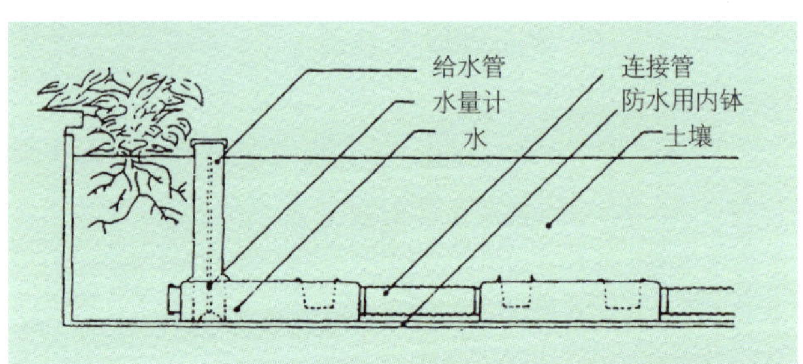

图 3-4-19　毛毡式渗水系统

图 3-4-20　毛毡式渗水系统施工现场

（2）容器型绿化

利用容器植物进行绿化，通常有两类方式，一类是原封不动的利用，或直接在现有容器外配上更为美观的花钵，或将2～3组的容器植物一起放入花钵中；另一类是将植物从容器中取出后种植（图3-4-21）。

在容器植物原封不动利用的情况下，由于土壤量有限，难以长时间维持植物生长，因此换盆是必不可少的。而在植物从容器中取出后种植的情况下，由于土壤增加，可以长时间在同一地点进行培育，因此可以成为较好的人工地基种植材料。

另外，当容器植物原封不动被利用时，最为关键的是排水处理。室内环境容易引起植物根系的腐烂，必须迅速地将多余的水排出容器盘外，如果经常保留容器盘中的水，容易出现毛细管倒吸现象，造成水分回流而不利于植物体内废物的排泄，从而影响植物生长。此外，若浇水水量不足，也不利于植物的废物排出，所

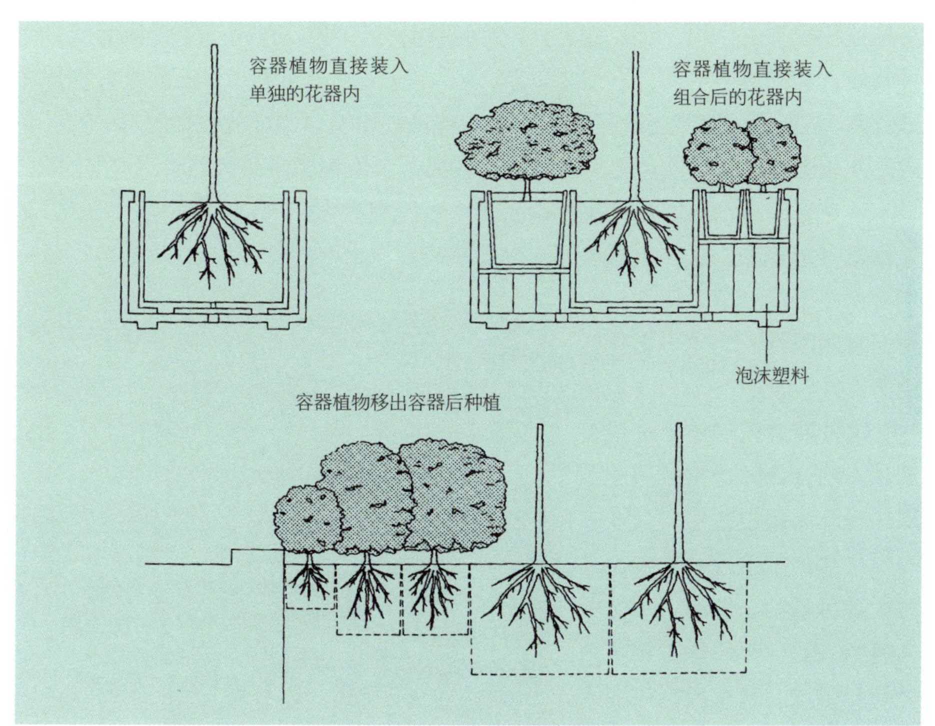

图3-4-21　容器植物的利用

以尽可能做到水量适宜。这同样适用于人工地基上的植物，较多的水量可以将废物与水一同排出种植区。

毛毡式渗透系统因采用的是一种水流方向由下而上的灌溉方式,所以很容易将废弃物堆积在土壤表面。但只要水量一定，废弃物不会移动到其他地方，因此并不影响植物的生长。

由于室内空间的各种特殊性,所以相对于室外空间、苗圃等地,其环境状态更为复杂，使植物生长不易的因素更多。如果在植物种植时采用与室外空间相同的修剪方式，容易造成树形形成困难，生长恢复缓慢，甚至难以恢复以致枯死等后果。因此在室内空间进行绿化时，应尽可能不修剪，保持良好的外形。而容器植物正是这种室内种植的最佳选择。

（3）营养液栽培型绿化

营养液栽培型绿化是一种以营养液代替土壤，使用泡沫砾石储存营养液的栽培手法（图 3–4–22）。营养液栽培法所使用的有孔的粒状材料，起着保持氧气、支持植物根部的作用，但比起以土壤为主要生长空间的培养土，其缝隙稍大。这种栽培方式的另一特点，是底部只需少量的营养液，就可利用表面的张力将营养液吸到表层，而且植物根部不易干燥。营养液通常有水溶性的液体肥料、防水变质的固体肥料，这种固体肥料也被称为在离子交换树脂中装有肥料的“电池”。

只要底部有水，即可产生毛细管吸水现象，这样土壤表层会保持干燥且蒸发量少，即使浇水间隔延长，也不影响植物的良好生长。

这种方式在国外已被普遍采用，刚开始时通常被用在小型的观叶盆栽植物中，而在室内绿化和大型盆栽植物中也进行了各种试验，但结果不能令人满意。近几年来，由于技术的更新与研发，在室内绿化和大型盆栽植物中已能有效地运用

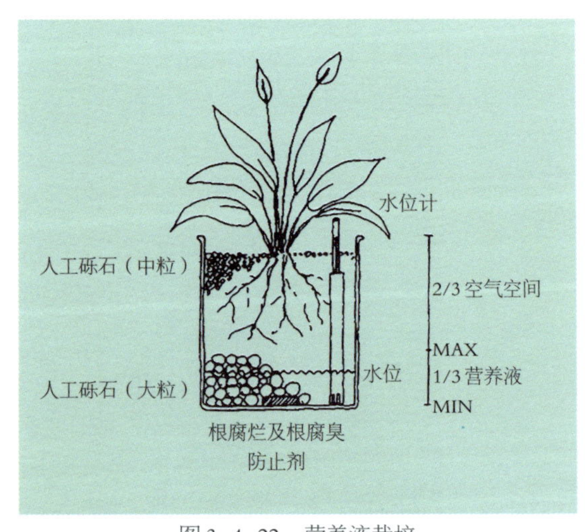

图 3–4–22　营养液栽培

这种手法了，其中最大的改良点是通过循环式和充气式的手段将空气引入水中（图 3-4-23）。

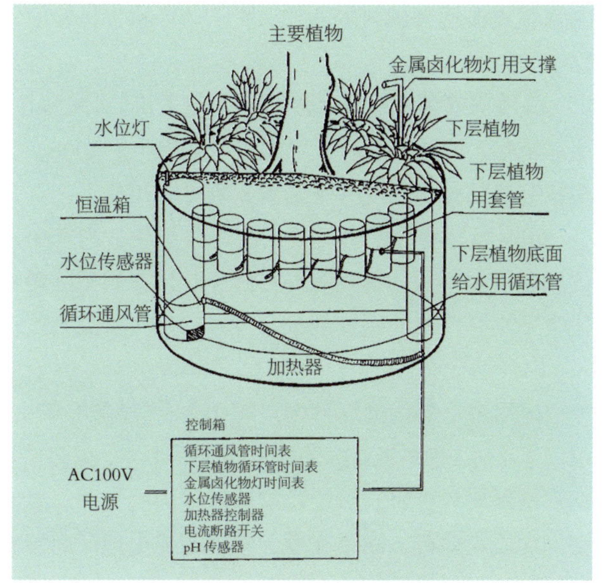

图 3-4-23　营养液栽培通风系统

营养液栽培绿化由于不使用土壤，使得室内地面容易保持清洁，同时因其无臭、无需排水孔、浇水间隔长、肥料管理方便等优点，非常适用于室内绿化。

通过这种方式培育的植物根系，与普通土壤培育的根系有所不同，具有多肉质、粗壮的特点，即所谓的水根。由于此类植物较易适应恶劣的室内环境，可以事先采用此类方式培育植物，以利于室内绿化中植物的选择。以往几乎没有采用此类方式培育乔木类植物的，但近几年不论是热带性乔木还是暖温带性乔木都有了相应的生产方式。

3.植物材料的维护方法

（1）观叶植物

室内种植的植物通常划分为起源于热带和亚热带的观叶植物和符合种植地条件的乡土植物。观叶植物由于其生育特性比较适合室内的种植环境，所以经常被用于室内绿化。只要温度在 10℃以上，湿度稍低一点，光线符合热带丛林下层的 300～500lx 的光照要求，可以生长的植物种类会有很多选择。此外，只要处于适合光合作用的有效波长范围内，即使24小时持续照射，植物生长也不会受到影响。

观叶植物与乡土植物不同，具有独特的外形，如椰子树、棕榈树类，可以创造热带雨林探险的各类场景。但是在创造乡土植物景观时，观叶植物的使用受到了限制。

在欧美、日本等国的室内空间绿化的初期，室内环境中的温度和湿度是以植物为主体进行管理的，因此种植的植物种类也相对丰富。但近年来，温度和湿度的管理更多地考虑人的存在，所以选择植物材料时，只能考虑适应现有环境的植物。

许多观叶植物对光的要求并不是很高，可配植在表层植物以下，作为二层或三层的植物，只是冬季最下层的光线如果不足100lx，会影响植物生长，导致春季时植物容易枯死；因此冬季需要采取补光措施。

观叶植物中一部分植物的根系易于生长在水中，可以种植在池中或水中。此外这种在水中生长的植物有时可能生长出不同于陆地上的叶型，这会给室内空间绿化带来别具一格的观赏效果。

（2）乡土植物

运用乡土植物进行室内空间绿化时，通常有单植常绿树、单植落叶树或混植常绿、落叶树3种情况。由于施工例子并不多，很多情况并不确定，只能看到某种倾向。常绿树种植时，一般都能适应室内的光照、温度和湿度等状况。但由于室内空间中没有降雨、缺少光照，常绿树易出现叶面粗糙、浑浊的现象。而在采用落叶树种植时，多数植物对光照要求高，同时难以适应室内的温度和湿度，也容易出现叶枯或是落叶、新芽轮回等现象。为了解决这方面的问题，需要加强室内外的空气流通以及调节室内空气湿度，尤其是要确保冬季室内低温，而这些要求对一般办公楼的环境管理来说是比较困难的。

在乡土植物中竹的使用较为广泛，竹的生长随光照强度的变化而变化，若室内光照强度较弱，竹的生长也随之放缓；此外竹在种植时，其杆的寿命已受到限制，数年后更新是必不可少的过程。因此培育适应室内环境的竹类是非常迫切的。竹类由于叶薄，易因干燥过度引起叶面卷曲，因此采取喷雾的处理方式，可以确保室内的湿度。

第五节　养 护 管 理

一、初期养护

1.光适应

在光照充足环境中生长的植物，突然进入低于原光照强度一位或两位数的室内空间，一般都会出现落叶或一时枯萎的现象，而后又因对室内环境的重新适应，会生长出稀疏的、又大又薄的叶片。这种对光照条件的适应过程，通常要经过2～3

次才能完成，有的甚至会因耗尽养分而最终枯死。而植物一旦枯萎，其观赏价值随之降低，室内空间绿化也就失去了意义。因此在进行室内空间绿化时，有必要让植物预先适应新环境的光照条件，以避免植物出现枯萎现象。

图 3-5-1　美国佛罗里达的遮阳房

作为适应光照条件的方法，首先将露天种植的植物栽入盆内，待长出细根、生长稳定后，接受将要适应的光照。美国在生产室内植物时，通常采用光适应大棚，而在日本由于产量少，通常在温室的一角采用遮光棚，有的甚至是针对每一棵植物的遮光棚。光适应期的长短，可根据树种及季节的不同而不同。如果是从春季到初夏，换叶需要3个月，稳定下来需要6个月，而在其他季节则需要9个月左右。通过天棚进行遮光，其关键在于模拟形成与室内空间同样强度的光照（图 3-5-1）。

2.出货

一般来说，植物在移植过程中都会出现衰退的现象，因此出货时必须进行整形、清洗的工作。由于室内光线的不足，容易引发病虫害，为此移入前清洗工作必不可少，清除过程中可使用药剂，有助于抑制虫卵，但同时又由于用于病虫害防治的药剂影响人体健康，一般不主张药剂使用过强和过量，所以用水清洗就显得尤为重要。

运输时为了减少对植物的伤害，必须进行严格的捆绑，有些易折断植物还需进一步加固。

3.搬运

种植热带及亚热带植物时，搬运是一个非常重要的过程。由于夏季强光照射引起温度上升，而冬季气温偏低等一系列因素，搬运时尽可能选用具有保温设施的车辆，除此以外的季节，在长距离搬运时，须考虑防风加固措施。

4.施工

关于植物的种植施工，通常在建筑完工后而空调未配备齐全的情况下进行，当时的温度和湿度有可能影响以后植物的生长，因此施工期间有必要采取相应的措施加以预防。由于室内环境状况的不同，即便是高大乔木，经常更换的可能性也很高，因此在建筑设计阶段，应充分考虑搬运出入口的宽度，同时为了方便更换，应更多地使用盆栽植物。

二、日常维护

1.浇水

室内绿化管理中，最重要的是浇水管理，其水质、浇水方式、间隔时间和水量都直接影响植物的生长发育。

（1）水质

管道中水因水质上有保证，所以被经常使用，但自来水中含有消毒用的氯气，需要搁置一段时间后方能使用，而这在需要大水量的情况下水处理会较为困难。此外水温与室温相同是管理中最基本的要求，但在用水量大时也难以控制。

雨水除初始部分外，因不含各种其他物质，可以说是理想的绿化用水。在进行建筑设计时，如果可能的话，应积极推广雨水利用技术。

中水，由于含有氮和磷等成分，进入土壤中容易形成黏性土，从而引发灌溉装置的堵塞，所以必须采取防治措施。此外，氮含量过多的水会影响植物正常生长，再加上室内无降雨，无法冲洗土壤，容易造成肥料和盐分的堆积。所以使用时，应尽可能避免氮、磷含量高的中水。

（2）浇水方式

如果使用浇水设施的话，只需按照其使用方法操作，然后定时检查即可。但如果是人工浇水的话，那么操作人员的经验和素质会直接影响到植物的生长，这主要关系到操作人员对土壤特性的了解程度，尤其是使用自然土壤。人工浇水的合适程度，应以土壤表面不飞溅、不积水、不流淌为宜。但是如果减弱浇水强度而延长浇水时间，则有可能造成土壤未被水渗透的后果，因此要尽可能请经验丰富的工作人员操作，或严格按照要求进行。

（3）间隔时间

由于室内无降雨，风力较弱，土壤表面蒸发缓慢，这种情况下，尽量延长浇水间隔的时间，留给土壤自我干燥和呼吸空气的时间。其间隔时间的长短根据土壤的保水性和空气湿度的不同而不同，每隔3～7天浇水一次即可。如果采用营养液栽培或毛毡式渗水栽培，间隔时间可相应延长。浇水时间以植物刚刚苏醒、人流量少的早晨为宜。

（4）水量

浇灌的水量是根据浇水间隔、土壤保水性、空气湿度而变化的，一回的水量应控制在土壤的保水量之下，通常是在 10～20l/m² 为宜，这样可以保持一定的间隔时间。

（5）灌溉设备

一般情况下，多采用带定时器的滴灌式自动灌溉机，或者使用定时器与土壤水分检测装置联动的自动化控制灌溉机。植物的叶面供水和清洗，则以人工操作居多。

对高大乔木，安装可向叶面喷淋雾水的灌溉设备较为方便。另外，还可在地下埋设一个扁水箱，利用毛细管原理从中向植物供给水分。

如果绿化面积较小，也可采用用软管人工浇水的方式。但人工浇水容易过量，造成土壤湿度过大，最好在土壤中安置一个简易的水分检测器。

2.叶面清洗

在无降雨的室内空间中，植物的叶面上经常会积有积尘、空中游离物以及枝叶的分泌物，如果长期不进行清洗，植物的蒸发作用、呼吸作用和光合作用都将减弱，从而导致植物生长不良，病虫害增加，外观效果变差。

盆栽植物的叶面虽然可以一片一片地擦拭，但对于叶量多的植物，其可操作性较小。使用化学抹布可以掸去尘埃，但无法除去分泌物，最终还会和尘埃一起堆积，因此使用叶面清洁剂可以减少尘埃，但不适用于叶量多的植物。

一年中有必要进行多次清水洗涤，也可以通过雾状喷射进行清洗，但用水量较大。因此在建筑设计的初步阶段就应考虑到这一因素，尤其是地板构造中的排水和集水的问题。

关于清洗间隔，若是耐光、抗病虫的观叶植物，一年 2～3 回即可，若是落叶植物则有必要每月进行 1 回清洗。

3.施肥

落叶和落枝分解后会变成腐殖质，但无法转化为肥料，因此施肥是必不可少的。有机花肥在室外使用时，改良土壤的效果明显。而如果在室内空间中使用，却容易引起土壤发臭、变质，甚至会导致土壤中氧气不足，引发植物病虫害等后果。因此应该较多地使用合成肥料、液体肥料和固体肥料。

施肥的数量、种类、方法根据树种及土壤的性质而决定。合成肥具有一定的速效性，主要用于追肥；固体肥料主要是使用近年来开发的缓效性固体化肥，施肥回数可相应减少；另外，使用无臭、不积盐分的酸性肥料，也是一种方法。液体肥料可结合浇水设施，进行自动化操作。

总之，应经常根据植物的生长状况，选择肥料的种类，决定肥料的用量。对于水中栽培和营养液栽培，由于施肥容易引起水质变化，需要采取相应的措施。

4.修剪

室内植物生长过程中，易引发叶少、叶薄、下枝密集、顺光生长、发芽开花时期不稳定等问题。剪枝是为了更好地保持植物的生长形状，但高强度的修剪容易导致植物枯萎，最好分多次进行修剪。

长期生长在室外的植物移入室内后，其枝叶容易枯萎和遭受病虫害，因此需要等到新叶完全展开后再进行修剪枝叶。

5.枯叶摘除

室内空间绿化可以使人近距离地亲密接触植物，绿色植物生机盎然、郁郁葱葱的景象，容易让人感受到环境的舒适性。同时对于植物的生长状况很容易进行判断，一旦出现落叶和枯叶也很容易发现。为了保持良好的观赏形态，需经常对植物进行维护管理，摘除枯叶。尤其是叶大的热带植物，黄色枯叶尤为显眼，要及时摘除。

6.病虫害防治

由于室内环境空间状况与室外的不同，植物生长一旦衰弱，很容易引发病虫害。

作为病虫害的预防措施，可以考虑使用抗病虫害的植物，或在植物搬入前对其进行彻底的清洗和除污，或加强植物的活性及抗性、或使用药剂等。一般不主张使用药剂，只有在其他方法无效的情况下，才可以考虑。在使用药剂时，为了减少对人的影响，尽可能使用毒性小、无臭味的药剂。药剂的喷洒最好选择在休息日的前夜进行，在职员返回之前留有充裕的时间。

7.植物替换

由于室内空间中环境压较大，一种植物在同一地点长时间生长会有生长不良现象。植物健康生长时间的长短因植物的抗性和承受环境压能力的不同而不同，因此有必要在一段时间后对植物进行移植，以防止树形变差。

种植替换有多种形式，如变换植物种植方向和场所（即移植），或更换新植物（即换植），在稀疏部位补种植物（即补植）等。在替换大型植物时，需考虑搬入途径和搬入器械的可行性，在设计阶段就应预先考虑。另外，直接使用大型容器，可以避免以后替换时绑扎上的麻烦。

通过植物的替换种植，可以使花卉植物和秋叶植物在室内空间中创造出多变的四季景观。同时也可以频繁地更换草花植物，创造出春意盎然的景色。

第六节 工程做法与材料

一、绿化地基材料

在室内空间中，由于绿化多用人工地基，加上建筑的二层以上会有荷载限制，因此必须选用既轻质、又能满足植物健康生长的土壤材料。轻质土壤在支撑高大乔木上虽不具优势，但由于室内空间中并无强风，因此种植高大乔木不成问题。在美国，多数情况下不单一使用现场附近的自然土壤，而是在其中加入泡沫砾石、泥炭、沙土等土壤改良材料，再用这种混合土壤做成人工地基。此外绿化地基与底面浇水装置（毛毡式渗水系统）合为一体的绿化做法也获得到开发和应用。为确保亚热带植物的顺利过冬，可以采用设置加热装置提高地温的方法，目前这种方法已被广泛地采用。在日本，将岩石烧制成轻质砾石，并将其作为人工土壤的主体，这种绿化地基做法正在开发中。近年来，将天然树皮经过特殊加工，制成人工土壤的方法也得到广泛重视，其施工实例也逐渐增多了。

另一方面，从室内清洁的角度考虑，水中栽培技术有利于绿化地基维护，正在被推广使用，浇水管理上的便利是其一大优势。同时，在用各种材料制成的容器中栽种植物，摆放到室内空间中，用来美化环境，已成为目前较简便的室内绿化手法之一（图3-6-1）。这种情况下，通常较多的是使用人工土壤，而容器的材质也较为丰富，有陶制、不锈钢制、铜制、石制等，结构上为了便于浇水，对容器底部进行了改造，便于植物通过毛细作用来吸取水分。

图3-6-1 花钵与椅子组合，成为家具的一部分

二、补光装置

为了改善室内植物的生长环境，目前开发了各种补光装置，主要有两种类型。一是太阳光采集系统，即通过藏于装置内部的太阳传感器来直接自动跟随太阳运动，与之联动的反射镜自觉地变换角度，收集大量的太阳光，并形成一定的方向，获取的光线通过高反射镜再次反射，使光线不足的室内获得光照（图3-6-2）。二是太阳光自动采光传送装置，即镜头如蜂巢状的采光装置，随太阳方向自动变换角度并收集光线，再把收集到的太阳光通过光导纤维电缆传送到室内(图3-6-3)。此外，同样的系统装置采用曲面镜进行采光，通过贴在内侧胶片状反射板上的导管，传送到空中。

作为轻微的补光装置，可采用各种荧光灯、高亮度的高压钠灯、水银灯等作为光源进行补光，提高照明强度。

图3-6-2　太阳光采光系统

图3-6-3　太阳光自动采光传送装置

三、植物材料

室内植物材料的利用，从最初的美国福特基金总部办公大楼、日本大同生命大楼等实例中可以看出，选用的都是温带的园林树木。之后为了适应室内的低照度以及亚热带型气温条件，选用亚热带、热带原产的观叶植物成为主流，但也带来了景观上的单调。最近，为了创造不同的景趣，椰子类、竹类、仙人掌类及乡土植物的应用颇受人注目。

此外，植物的驯化处理技术在室内的植物栽培中也开始得到运用。在美国，1960年以后传统的大型室内植物得到生产。但近年来，通过光照驯化处理技术，在确定遮光条件和驯化期间的情况下，适应低光照条件的植物被大批量地生产和贩卖，其规格、形状、尺寸以及单价都有了明确的规定。在日本，近年来以经过光驯化的大型观叶植物为主的植物也开始着手生产，同时，溶液培养驯化的观叶植物也在尝试生产中。

四、叶面清洁器

如果是小规模的绿化空间,可以对叶面进行一片一片地擦拭,但是在美国更多的使用特殊羽毛刷，或者是使用叶面清洁剂进行喷射。在日本也是用通过喷射清洁剂将尘埃除去的方法，目前带有更多附加作用的清洁剂正在研制开发，如清洁之后使尘埃较难吸附，或给叶面增加光泽等。

五、浇水装置

在室内进行浇水灌溉时，由于地表浇水方式易沾湿地面，同时易造成土壤固结，所以应该选用底层浇水或地中浇水的方式。底层浇水方式即先前介绍的毛毡式渗水系统，而地中浇水是将橡胶制的多孔管埋入地中，通过其无数细孔，以较低流量，把水分、肥料及氧气供给到根部所在区域。

第四章　壁面空间绿化

第一节　壁面空间绿化概述

一、壁面空间绿化的意义

今天城市中各种各样的建筑的墙面，一般都是由灰色的无机材料建造而成的，不仅影响城市景观，而且自然中的热和光被墙面不断反射，影响了城市居民生活的舒适性。城市中大量的高温化壁面，其表面热不断向空气中扩散，造成建筑周围环境温度的升高，最终成为导致城市热岛现象的一个原因。

近年来，由于新增的城市用地而使得城市公园绿地的增加变得越为困难，在满足城市景观要求的同时，为抑制城市热岛现象的产生，作为城市环境治理的一部分，在所开展的各种形式的绿化事业中，建筑墙面的绿化已逐渐被提到日程上来。这种对以前从未利用过的建筑墙面进行绿化的方式是增加城市绿色总量的手段之一，已越来越受到人们的注目。

图 4-1-1　智利圣地亚哥市某办公大楼

对建筑墙面进行绿化，不仅是对美感较差的墙面加以修饰，而且也是防止热量增加和光线不断反射，缓解城市热岛现象的对策之一。图 4-1-1 是智利圣地亚哥市某办公大楼的垂直绿化，外墙上茂盛的攀援植物分层爬在办公楼的西侧墙上，既可供人观赏，又可用来遮挡，形成一面可以防止西晒的绿色窗帘。而且，墙面绿化还可以抑制因高温化的墙面而造成的室内温度的升高，达到减少冷气设备负荷，节省电力消耗的目的，对节约能源具有效果。相反在冬季由于墙面被绿色植物所覆盖，室内由暖气设备所产生的热很难溢出室外，从而增强了保温效果，节省了取暖费用，同样具有节约能源的效果。而且由于墙面全部被植物所遮蔽，在净化空气的同时，又可以利用植物因蒸发作用而造成的空气湿润的特性，防止空气干燥。有人担心，建筑的墙面在用藤蔓植物绿化后，墙面会被植物损伤，产生裂缝，然而实际上并没有这样的事情发生，墙面绿化反而会防止裂缝，对墙的表面有保护作用。尤其是近年来，因酸性雨导致混凝土墙面的腐蚀状况越发严重，如果墙面被绿色植物覆盖，这样的情况是可以避免的。如上所述，由于绿化后的墙面所产生的功能和效用正在逐渐被科学地验证，因此壁面空间绿化的意义越来越凸现。

相对于平面绿化，壁面空间绿化是指以建筑物、土木构筑物等的垂直或接近垂直的立面（如室外墙面、柱面等）为载体的一种建筑空间绿化形式（图 4-1-2）。

图 4-1-2　利用各种花卉和观叶植物构成头像花墙

壁面空间绿化的方法，主要是利用攀援于墙面或支架上的藤本植物，构成竖向绿荫。这种不占或少占土地的绿化方式，不仅起着美化城市环境的重要作用，而且对于解决今天人类所面临的诸多城市问题，具有积极意义。所以垂直绿化在欧美各国已相当普及。借鉴国外经验，解决我国因人口众多，造成城市建筑用地和绿化用地的矛盾问题，更具有实际意义（图 4-1-3）。

图 4-1-3　法国巴黎贝尔西公园体育馆的斜面绿化

图 4-1-4　美国洛杉矶某建筑外墙绿化

图 4-1-5　绿格栅栏柔化了建筑立面，构成街区一景

二、壁面空间绿化的特点

由于壁面空间绿化是在建筑物、土木构筑物等的室外壁面上进行的绿化，因此与其他绿化形式相比，具有如下特点：

（1）不占地面空间，绿视率高

壁面空间绿化不同于一般地面绿化及屋顶绿化，是一种在垂直面或接近垂直面上进行的绿化形式，仅附着于建筑物外立面，很少或几乎不占地面空间，形式比较单一。虽然形式单一，但绿化效果显著，有较高的绿视率（图 4-1-4，图 4-1-5）。

（2）保温隔热，降噪除尘

壁面空间绿化在遮阳降温、调节湿度方面有显著效果。根据测试，在夏季有绿墙的建筑室内温度，比无绿墙的可以低3～5℃，而有绿荫遮盖的阳台比暴晒的阳台表面温度低10～12℃。有藤蔓绿荫覆盖的外墙，所受的辐射热可以减少50%。有攀援植物枝叶覆盖的墙面，还可以吸收、反射噪声。有关测试结果表明，当声波通过密布的叶丛时，有26%的声波可以被叶丛吸收。壁面空间绿化也具有吸灰防尘、净化空气的作用。由于多数攀援植物叶片上的绒毛或脉纹，可以吸附大量的飘尘，从而净化了空气。而且植物叶片还能吸收二氧化碳、释放氧气，改善空气质量。壁面空间绿化还可以使建筑外墙避免直接暴晒、雨淋，减缓墙体的自然风化，对墙体本身有保护作用（图4-1-6，图4-1-7）。

图4-1-6　轻柔的薜荔整洁地装饰现代建筑的外墙

（3）造价低廉，管护简便

一般来说，由于壁面空间绿化所选用的植物具有生命力强、易繁殖、不需要修剪；对土壤、水、肥等生存环境要求较低等特点，因此，相对来说，壁面空间绿化工程造价低廉、管理维护简便。

图4-1-7　浓绿的常春藤不仅具有保温隔热功能，而且还能与红色砖墙形成强烈对比，美化街景

三、壁面空间绿化的手法

壁面空间绿化的一般手法，是利用藤蔓植物的吸附特性使其在墙面上攀附，和在墙体前面设置网状物或栅栏，使植物缠绕其上的方法。在欧美有许多石造的房屋，似乎从很早以前，就以藤蔓植物绿化墙面，至于这种做法从何时开始，目前还难以判断。在日本，明治维新以后，随着西洋建筑的引入，也开始了墙面的绿

图4-1-8　日本兵库县西宫市的甲子园棒球场

图4-1-9　经过修剪后的爬山虎在高度上保持一致

图4-1-10　喜阳的凌霄种植在南面的墙上

化。有记录留存的就是在兵库县西宫市的甲子园棒球场用常春藤完成的墙面绿化，棒球场建于1924年，至今还给人留有“被常春藤所覆盖的古城”印象，据说当时是出于防止西晒的目的，以地锦缠绕的莱因古城为蓝本进行建设的。昭和20年（1945年）由于战争被一度烧毁，昭和25年（1950年）修建时重新种植新苗，至今呈现一派生机盎然的景象（图4-1-8）。从国内外看，在作为建筑墙面绿化材料所使用的藤蔓植物中，常春藤类、凌霄类、藤本蔷薇类、紫藤类这4种占有绝对优势（图4-1-9，图4-1-10）。

除了用藤蔓植物来绿化墙面这种一般的手法以外，绿化墙面还有其他各式各样的做法。在欧美，从前人们在墙面的底部栽种果树、园林树木或藤蔓植物，并用各式各样的形式，把树的枝条引向墙面，使树横向生长，并贴附在墙面上。作为一种墙面绿化手法，这种树墙（espalier）在欧美被广泛地采用（图4-1-11）。近年来，还有一种在建筑的墙面上设置有薄土层的种植池，种植耐旱的佛甲草类植物的绿化手法。将预先种入容器中的植物安装到墙面上的绿化手法也开始被采用了。

除了办公大楼的墙面空间，在景观上、环境上有着同样绿化要求的垂直面还有许多，如住宅中为围合、分割而设立的以混凝土砌块墙为主的各种石墙，道路两侧设立的隔音壁，高架铁路，单轨电车道和道路桥梁，河湖的垂直护坡，甚至大水坝的混凝土挡土墙等（图4-1-12，图4-1-13）。这些各种混凝土构造的面空间也同样可以采用在办公大楼的墙面上所采用的手法进行绿化。

墙面绿化的一般做法，就是在屋顶或阳台上种植藤蔓植物，并使其下垂或上爬。由于受朝向、光照和风的影响，不同的墙面会有很大差别。在西面的墙壁上实施栽种，可以遮掩夏季里强烈的夕阳，降低冷气设备等的能量消耗。还要考虑因不同地区所排出的废气等造成的危害，选择不怕空气污染的植物。由于不能往地下传导热量，所以建筑墙面的温度与地面相比，会易热易冷。除了选择耐冷暖变化的植物外，还要用铁丝网、格子板等支撑物将植

图 4-1-11　不同色彩的植物利用牵引法固定在墙上（美国）

图 4-1-12　地下过道侧墙的垂直绿化

图 4-1-13　停车场侧墙的垂直绿化

物与墙面隔开。

在斜坡上进行绿化，土壤会因自重而滑落下来，降雨时也会因水流的激烈冲击而很快流失。与平坦的地面相比，很容易干燥。虽然斜坡绿化的极限坡度是30°，但考虑到价格和暴雨等因素，坡度以17° 以下为好。土壤厚度也应以8～10cm为界限。而且在使用网状物，浇水来保持土壤方面还要下很大功夫(图4-1-14，图4-1-15)。

图4-1-14　日本东京池上会馆的斜坡绿化之一

图4-1-15　日本东京池上会馆的斜坡绿化之二

第二节　壁面空间绿化要点

一、种植基础

由于建筑的壁面具有垂直面的空间特性，所以作为植物的生育环境，在多数的情况下受到条件的严格限制。例如，栽种基础不存在，或者即使有栽种基础也很狭小，那里的土壤情况也很恶劣。由于紧邻建筑的关系，植物所占有空间受到限定。有时墙面呈高温状况等。由于墙面施工做法，多数的情况下其表面很光滑，藤蔓植物很难吸附壁面。还有因建筑的朝向或因紧邻的建筑的遮挡，墙面有时难见阳光，或因西晒强烈等，受到日照条件的影响的情况。

无论以何种手法进行绿化，充分地确保栽种基础是绿化成功与否的关键。即使在建筑的周围存在作为栽种基础的土壤空间，但很多坚硬固实，而且夹杂有混凝土一类的杂物，很难作为栽种土壤使用。需要进行全面换土或对现土进行充分的改良。

如果建筑的附近没有土壤空间存在,可以从墙面的顶部使藤蔓植物垂下,或利用各层的阳台，在那里进行绿化等，不过在安装栽种容器又确保了土壤空间的情况下，则空间规模又成了问题。至少深度要在45cm以上，宽度要在30cm以上，而且确保横向连续的栽种空间，对于保持有效的水分，确保根系伸长的根圈，维持长久的生长是必需的。而且尽可能设置浇水装置也是很重要的。在此基础上实施充分的排水对策也是不可缺少的。在栽种容器的底部作适当的坡度，设立排水孔，用粒径粗大的黑曜石珍珠岩铺设在底部等的措施也是必要的。在作为栽种基础的地表上使用不同的资材，进行覆盖栽培，对于防止干燥，抑制地表温度上升并防止杂草的发生都是不可缺少的措施。

二、绿化类型

作为绿化建筑墙面的手法,如下所示的5种类型的手法可以作为现状情况下的参考。可以根据建筑的结构形态，绿化目的等，决定采用哪种手法。

（1）活用藤蔓植物的绿化

这是利用藤蔓植物的吸附、缠绕、下垂等特性的绿化手法。根据墙面的表面情况可以采用不同的绿化方式。在非常光滑的墙面上，不能采用最简便的藤蔓植物吸附墙面的绿化方式。

关于引入的藤蔓植物，既有常绿、落叶的区别，又有蔓卷型（缠绕须、缠绕叶柄或缠绕他物攀爬的类型）、吸着型（利用气根、附着根或吸盘吸附他物攀爬的类型）这些攀爬方式的不同，还要十分了解植物的阴阳性，藤蔓的年伸长量，成为观赏对象的花果等。

1）吸附攀爬型绿化

即将常春藤、爬山虎、地锦类、薜荔、凌霄类、钓钟草等吸着型的藤蔓植物栽植到壁面的附近，随着须根的伸长，藤蔓植物可以直接吸附墙面攀爬的绿化。如这个情况，像混凝土砌块和原浆面混凝土那样的表面，因有较多的多孔、粗糙的质地，所以很容易吸附。而且常春藤、薜荔在任何经过表面处理的墙面上都能吸附。如图4-2-1所示，在砖瓦造的建筑物墙根种植薜荔，伴随其藤蔓须根的

图 4-2-1　美国某建筑外墙绿化

图 4-2-2　日本冈山县仓敷市某纺织工厂建筑的外墙绿化

图 4-2-3　日本新泻市某住宅外墙绿化

生长来绿化壁面，可以创造出枝叶茂盛、吸附能力强的密集型绿化面，防止外墙的劣化。图 4-2-2 是日本冈山县仓敷市某纺织工厂建筑的外墙绿化，为了防止由于西晒而引起的室内温度上升，在建筑的墙底种植爬山虎，通过其藤蔓吸附墙面生长来进行绿化。生长过程中，为了避免叶面遮挡窗户，进行了适当的修剪。种植后至今已有 60 多年，其生长状况仍然良好，今日包括建筑物在内的该片地区已成为休闲游憩的空间。图 4-2-3 也是日本新泻市某住宅运用常绿、落叶混合藤本植物的吸附攀爬型绿化实例，在二层楼建筑的墙根混合种植常绿的日本连香树和落叶的爬山虎，利用藤本植物藤蔓吸附墙面的特点，充分绿化墙面。由于两种植物的生长速度和生长量相差不多，不存在一方占绝对优势的现象。图4-2-4也是通过建筑立面的攀爬型绿化，形成错落有致的城市街景。

2）缠绕攀爬型绿化

在墙面的前面安装网状

物、格栅，在墙脚下栽种木通、加罗林茉莉、几维果、金银花、贯叶忍冬、钓钟草、南蛇藤、络石、凌霄类、紫藤类、常春藤类、六叶野木瓜等缠绕型的藤蔓植物的须根缠绕进行绿化。因藤蔓植物形状的不同，用于缠绕的网状物，其格栅会有大小之分。如图4-2-5，在住宅墙角处设置的混凝土制花器（50cm × 50cm × 20cm）中种植紫藤苗，使其缠绕窗格攀爬向上生长，这虽是私人住宅的绿化实例，但这种利用花器的绿化手法也可运用在公共建筑的墙面绿化中。图4-2-6是吸附攀爬型与缠绕攀爬型结合的绿化方式，在住宅外墙与地面接触的最下部，每隔1m设置1个10cm宽的孔穴作为种植空间，通过种植日本连香树来进行绿化。围墙表层铺设网架，让植物缠绕其攀爬生长，同时植物的藤蔓也吸附墙面生长，因此这是一例巧妙运用连香树两种特性的绿化实例。图4-2-7中的绿色凉亭经过垂直绿化后，成为夏季游人纳凉的理想去处。

图4-2-4　壁面绿化构成错落有致的城市街景

图4-2-5　住宅外的缠绕型绿化

图4-2-6　某住宅的围墙绿化

图 4-2-7　绿色凉亭为游人提供纳凉理想去处

3）下垂型绿化

即在墙面的顶部安装种植容器，种植须根伸长力较强的藤蔓植物，如常春藤等。由于植物下垂部分易受风力因素的干扰，从而影响植物的生长发育，因此为了避免此类情况，可以采用在墙面上安装固定支架的方法，使藤蔓植物下垂的须根吸附在该固定支架上。图 4-2-8 为巴黎的塞纳河，在石砌河岸垂直壁面的顶端种植爬山虎，其下垂枝叶可以有效地绿化河岸壁面。由于有的河岸高度在10m以上，通过藤本植物的绿化，可以使生硬的壁面显得较为柔和，在绿化过程中可以使植物全部覆盖壁面，也可以遮掩一部分，显得更富情趣。图 4-2-9 为住宅的壁面绿化，在 3 层住宅的 2、3 层阳台上摆放花器，种植美国爬山虎，其下垂

图 4-2-8　法国巴黎塞纳河的河岸绿化

的枝叶可以绿化墙面。美国爬山虎原属缠绕性藤本植物，由于这种意外的使用方法，使其具有更大的绿化效果，今后可以多采用类似的绿化手法。

4）攀爬下垂并用型绿化

即在壁面的顶端和附近栽种藤蔓植物，从上方让须根下垂的同时，也从下方让须根攀爬的绿化。由于是全面绿化，可以缩短时间，设计上可使用同一植物，达到绿化效果上的统一。通常使用的是常春藤类植物。

图 4-2-9　住宅壁面的垂直绿化

（2）使用树墙手法的壁面绿化

即用各式各样的形式，把树的枝条引向墙面，使树横向生长，呈篱笆状贴附在墙面上的绿化。即使没有空间也能进行绿化，所以这是适合土地狭小地区的绿化方式，这种在欧美经常使用的手法，今后应该积极地加以引进和采用。

（3）利用阳台的绿化

即充分地利用建筑的阳台，在那里安装栽植容器，栽种灌木、藤蔓植物和草木植物，成为各层的阳台装饰的墙面的全面绿化。当然这只适用于各层都有阳台的建筑。利用有下垂的枝叶、茎叶的植物进行绿化，其效果也是非常显著的。而且，如果使用能开出美丽花朵的花卉成植物，则会有更好的装饰效果（图 4-2-10）。图 4-2-11 是新加坡香格里拉饭店的阳台绿化，它是将饭店各层的阳台作为种植空间，

图 4-2-10　开满鲜花的阳台

图 4-2-11　新加坡香格里拉饭店的阳台绿化

图 4-2-12　日本东京都港区某建筑的壁面绿化

整体绿化建筑壁面，对外来客人来说，可以称得上是饭店的一种象征。

（4）墙面上的人工地基型绿化

在德国正在尝试一种在墙面上设置有薄层土的特殊的种植池（人工地基），在那里栽种耐旱性强的景天类植物等的绿化方式。这样的绿化手法虽然还处于试验阶段，但其今后的发展令人期待。

（5）墙面上的栽植容器型绿化

这是通过各种方法将栽植容器设法安装在墙面上的绿化方式，通常有以下几类方法。

在西班牙的克鲁多巴等城镇，能够完全代表那个城市的风景之一的，就是在墙面上安装种植着天竺葵等园艺用草花的花钵的绿化景观。这种绿化的手法如今也越来越多地出现在欧美国家的住宅墙面上。而且还有将墙面前的过道统一组织起来，在那里放置栽种有常春藤等的花钵，作为墙面装饰的例子。如图4-2-12所示，在壁面上组建几层放置花器的框架，放置形式各异的花钵来进行绿化，这可以说是壁面绿化的新手法，但构造上略欠坚固。

如上所述的手法，都是在已建成的建筑墙面上采用的绿化手法，近年来，从建筑的设计阶段就将绿化墙面用的栽植容器作为外墙设计的一部分而加以考虑的建筑实例也已出现。

以上这些都是在墙面上安装大小有限的栽种容器而进行绿化的手法，因此确保维持植物的生长发育所需的有效水分成为绿化成功与否的关键。由于墙面所具有的空间特性，雨水不能充分地流入栽植容器，所以设置浇水装置或采用耐干性强的植物也是必须要考虑的。

三、养护管理

1.活用藤蔓植物的绿化手法

为了促进栽种后的藤蔓植物的健全生长，充分发挥绿化的机能，有时如下所示的维护管理工作是必需的。

（1）浇水

如果在建筑的墙脚部、阳台、顶部设置栽种容器，用藤蔓植物进行绿化，往往栽种空间受到限定。因此，尤其在夏季的干旱天气里，确保植物生长所必需的有效水分是十分困难的，在这样的情况下浇水工作不可缺少。

（2）补施肥料

用藤蔓植物进行墙面绿化，为了支持每株年年扩大的茎叶的生长发育，至少要2～3年供给一次新的养分。尤其是在藤蔓植物的叶子出现小型化，叶的颜色变浅，茎叶的生长量显著下降等明显的肥料短缺的症状的时候，补施肥料工作必须马上进行。施用在春季很容易吸收而且肥效较长的颗粒状的固体肥料（ $N:P_2O_5:K_2O=3:6:4$ ），按照每株100～200g计算较为合适。

（3）须根的切除与疏苗

伴随着藤蔓植物的不断生长，须根超出了规定的绿化空间以外，这时应将须根超出的部分进行切除。而且尤其是使用藤蔓植物的下垂型绿化，栽种后经过数年，须根性的枝叶聚合在一起，其内部呈现闷热状态，从而导致生理障碍和病虫害发生。在这种情况下，应该对内部的老枝叶实施疏苗作业，以维持藤蔓植物的健全性。

（4）须根的更新

作为蔓卷型的藤蔓植物的代表忍冬，因其生长旺盛，须根的伸长力也很大，所以在对墙面进行全面绿化时，具有短期见效的优点。但是，须根生长伸长部分只是植物体的端部，从其基部已经木化的树枝处难以长出新梢。绿化后经过数年，基部的树枝上已没有叶子，下枝的分枝点变高，导致绿化效果减弱。在这样的情况下，应该从基部开始剪切并种植藤蔓植物，以加速新枝的生长，利用重新伸长的枝叶进行绿化。这种更新作业是十分必要的。

（5）土壤环境的更新

当使用有空间限定的栽种容器，以藤蔓植物进行绿化时，栽种后经过10年左右，容器内会充满根系，土壤的理化性能减弱，老朽的废弃物集聚，土壤环境全体弱化，造成植物的生育能力降低。为了促进植物的持续的健全的生长发育，应该切除旧根，促进新根发育。或在植物的生长状态下，对土壤进行部分换土，这类更新土壤环境的措施是必需的。

2.树墙的绿化手法

（1）树枝的诱引

从一开始，就要设计好树墙的样子，在实现的过程中，要对树枝的诱引采取必要的措施。

（2）剪枝

当生长出的枝叶影响设计好的树墙形状的时候，或在树墙完成之后，为了除去不需要的树枝，或为了整形树墙，剪枝作业必不可少。

3.阳台利用型绿化和容器绿化

利用藤蔓植物进行绿化，在维护管理的项目中，浇水、补施肥料、更新土壤环境等管理作业是最重要的。

参 考 文 献

[1] 黄金锜. 屋顶花园的设计与营造. 北京：中国林业出版社，1997

[2] （日）舆水肇. 建筑空间绿化手法. 大连：大连理工大学出版社，2003

[3] （日）泷光夫. 建筑与绿化. 北京：中国建筑工业出版社，2003

[4] （日）财团法人 都市绿化技术开发机构编著. 屋顶、墙面绿化技术指南. 北京：中国建筑工业出版社，2004

[5] （日）东邦生态环境技术株式会社绿化关联事业部. 利用轻质人工土壤的建筑屋顶绿化节能技术“21世纪建筑新技术论丛”. 上海：同济大学出版社，2000

[6] 丰田幸夫. 风景建筑小品设计图集. 北京：中国建筑工业出版社，1999

[7] 瓦尔特·科尔布，塔西洛·施瓦茨. 屋顶绿化. 沈阳：辽宁科学技术出版社，2002

[8] 林夏珍. 论屋顶环境与屋顶绿化. 浙江林学院学报，1998，15（1）：91～95

[9] 缪义民，赖宝清. 对屋顶绿化中几个常见问题认识与探讨. 中国园林，2001（4）：31～33

[10] 吕晨等. 增加小区环境“绿量”，创造人居绿色空间. 中国园林，2000（2）：56～57

[11] 近藤三雄等. 室内绿化设计. 绿情报，1992

[12] 中岛宏等. 绿空间的规划和设计. 财团法人 经济调查会，1995

[13] 高汐健司. 早稻田大学的大限花园礼堂. 景观设计，2004（1）：56～57

[14] 石铁矛，时光天，蔡强. 建筑与绿化. 辽宁：科学技术出版社，1992

[15] 单晓玲，许君，冯再新. 屋顶花园的设计与施工初探，浙江林学院学报，1999，16（4）：401～405

[16] 苏永强，李云胜，黄玲. 以安全性为前提的屋顶花园屋面设计. 华东科技学院学报第1卷3期2004（9）：50～51

[17] 谭断清. 中国草坪与地被. 北京：科学技术文献出版社，1993

[18] 韩丽莉，李连龙，马丽亚. 国家科技部节能示范楼屋顶绿化. ARCHICREATION，2004（8）：138

[19] 杨玉培，靳敏. 发展屋顶绿化增加城市绿量. 四川建筑，2000，20(1，2)：16～19
[20] 杨茜. 卡农街屋顶花园设计. 湖南林业，2004（3）：9
[21] 西田正德. 城市建筑中的屋顶绿化的变迁及其可能性. 景观设计，2004（1）：24～35
[22] 邢凯立，白静等. 山水之间：海淀万柳公园广场设计：建筑创作，2004（2）：46～59
[23] 金波. 花卉资源原色图谱. 北京：中国农业出版社，1999
[24] 中国农业百科全书观赏园艺卷编辑委员. 中国农业百科全书. 观赏园艺卷. 北京：中国农业出版社，1996
[25] 郑光美等主编. 鸟类学. 北京：北京师范大学出版社，1999
[26] 张勇，邹志荣. 园林中的引鸟设计. 陕西林业科技，2004（3）：46～49，84
[27] 孙悦华. 人与鸟. 人与生物圈，2004（3）：1
[28] 华海镜，金荷仙，陈海萍. 园林中的虚景. 中国园林，2003（9）：60～61
[29] 谢浩，朱仁鸿. 屋顶花园的防水设计与施工. 建筑技术，2004，35(7)：522～534
[30]（英）理查·萨克林著. 戴复东，吴庐生等译. 中庭建筑开发与设计. 北京：中国建筑工业出版社，1995
[31] 赵玉婷，胡永红，张启翔. 屋顶绿化植物选择研究进展. 山东林业科技，2004（2）：27～29

Tecta Green greenroof applicators，Green roof systems，America，
http：//www. greenroof. com，2003，11
东京屋顶绿化事务局，Tajima roofing.
http：//www. tajima-roof. co. jp. 2003.11
六本木山庄屋顶庭园的四季
http：//www. roppongihills. com. 2005.7
国土交通省屋顶庭园
http：//www. mlit. go. jp. 2005.8
屋顶庭园、绿化
http：//kinkaen. jp. 2005.8